银川市大气颗粒物与近地面臭氧相互影响研究

杨丽蓉　著

中国环境出版集团·北京

图书在版编目（CIP）数据

银川市大气颗粒物与近地面臭氧相互影响研究 / 杨丽蓉著. --北京 : 中国环境出版集团，2025. 1
ISBN 978-7-5111-5972-4
Ⅰ. X51
中国国家版本馆 CIP 数据核字第 20242LG720 号

策划编辑 雷 杨
责任编辑 易 萌
封面设计 彭 杉

出版发行 中国环境出版集团
（100062 北京市东城区广渠门内大街 16 号）
网　　址：http://www.cesp.com.cn
电子邮箱：bjgl@cesp.com.cn
联系电话：010-67112765（编辑管理部）
010-67112739（第三分社）
发行热线：010-67125803，010-67113405（传真）
印　　刷 北京中献拓方科技发展有限公司
经　　销 各地新华书店
版　　次 2025 年 1 月第 1 版
印　　次 2025 年 1 月第 1 次印刷
开　　本 787×960 1/16
印　　张 8.5
字　　数 168 千字
定　　价 42.00 元

目 录

图目录

表目录

引　言

随着我国经济的迅速发展和城市化进程的加快，以细颗粒物（$PM_{2.5}$）和臭氧（O_3）污染等为阶段性特征的大气污染问题日益凸显。自《大气污染防治行动计划》实施以来，我国实施了一系列较为严格的大气污染防治政策、法规、标准、行动计划和强化方案。2020 年，全国未达标地级及以上城市 $PM_{2.5}$ 平均浓度较 2015 年下降 28.8%，优良天数比例较 2015 年上升 5.8%，我国环境空气质量改善显著。“十四五”时期是开启全面建设社会主义现代化国家新征程的第一个五年，虽然我国大气环境呈现持续快速改善态势，但与美丽中国建设目标相比还有一定差距。2020 年，全国仍有 125 个城市 $PM_{2.5}$ 年均浓度超标（二级浓度限值为 35 μg/m^3），$PM_{2.5}$ 污染尚未得到根本性控制；O_3 浓度呈缓慢升高趋势，已成为仅次于 $PM_{2.5}$ 影响我国空气质量的重要因素。

2021 年 3 月，第十三届全国人民代表大会第四次会议批准了《中华人民共和国国民经济和社会发展第十四个五年规划和 2035 年远景目标纲要》，该纲要明确提出要加强城市大气质量达标管理，推进 $PM_{2.5}$ 和 O_3 协同控制，地级及以上城市 $PM_{2.5}$ 浓度下降 10%，有效遏制 O_3 浓度增长趋势，基本消除重污染天气。2021 年 11 月，中共中央、国务院印发《中共中央　国务院关于深入打好污染防治攻坚战的意见》，明确要求到 2025 年，O_3 浓度增长趋势得到有效遏制，实现 $PM_{2.5}$ 和 O_3 协同控制。$PM_{2.5}$ 与 O_3 复合污染的协同治理，是我国“十四五”大气污染防治的重要方向，更是我国空气质量管理的重要转型节点。这标志着我国大气污染防治事业在“十三五”成绩的基础上进入“十四五”典型污染物及其前体物精细化协同治理的新阶段，也标志着大气污染防治工作需要进入“季节-全年”“城市-区域”“行业-结构”等大协同的新局面，更对我国大气污染防治科技支撑提出了更高、更准、更细的新要求。

“十三五”期间，银川市空气质量改善取得阶段性突破，2020 年银川市空气质量优良天数比例为 82.2%，大气颗粒物 PM_{10} 和 $PM_{2.5}$ 年均浓度分别为 72 μg/m^3 和 36 μg/m^3，完成《银川市国民经济和社会发展第十三个五年规划纲要》目标，蓝天保卫战三年行动计划圆满收官。但也应看到，随着银川市工业化、城市化进程的加快，以 $PM_{2.5}$ 和 O_3 为主导的复合污染问题日益凸显。从季节变化特征来看，银川市春季、秋季、冬季 PM_{10} 和 $PM_{2.5}$ 浓度依然较高，$PM_{2.5}$ 仍存在较大反弹风险，重污染天气时有发生。冬季采暖季多呈现 $PM_{2.5}$ 污染天气。夏季 O_3 污染问题突出，2018—2020 年银川市 O_3 日均超标天数分别为 23 d、19 d、13 d。目前，银川市在 $PM_{2.5}$ 和 O_3 的污染特征、影响因素、污染驱动因素上存在认识不全面、研究不深入等问题，对 $PM_{2.5}$ 和 O_3 污染的内在联系及防控策略等方面的科学认知不足，在实际污染防控工作中缺乏可操作性的措施和可达性的目标。因此，深入研究银川市 $PM_{2.5}$ 和 O_3 复合污染特征，跟踪研判其主要污染源变化情况，对提升银川市 $PM_{2.5}$ 和 O_3 复合污染协同控制策略制定的精准性、科学性具有重要意义。

第 1 章

研究使用的数据和方法

1.1 研究数据资料

（1）收集整理 2016—2021 年银川市国家环境空气质量监测网监测的空气质量数据及气象观测数据，监测点位包含 4 个类型，分别为城市监测点位 6 个，即兴庆区 2 个（上海东路、滨河新区）、金凤区 2 个（水乡路、贺兰山东路）、西夏区 2 个（文昌北街、学院路），清洁对照点 1 个（贺兰山马莲口），农村监测站点 1 个（强家庙中心社区），工业园区点 1 个（宁化生活区）。大气污染物数据包括 $PM_{2.5}$、PM_{10}、二氧化氮（NO_2）、二氧化硫（SO_2）、一氧化碳（CO）和 O_3 的逐时浓度数据和气象数据（气压、气温、风向、风速、湿度）。

（2）本研究所使用的水溶性离子、无机元素、元素碳、有机碳、紫外线辐射强度、挥发性有机物组分、气溶胶光学厚度、黑炭、散射系数的监测数据来源于银川市大气环境超级监测站（以下简称银川市大气超级站），本研究收集的数据时间段为 2021 年。银川市大气超级站位于银川市城区的中心位置（银川市第六中学），周围以办公楼、居民居住区为主，采样口距地面约 12 m，可代表银川市城区的大气环境质量状况。监测数据均采用在线观测的方法，监测数据的时间分辨率为 1 h，一天可获得 24 个监测数据。银川市空气质量监测点位的空间分布如图 1-1 所示。

图 1-1　银川市空气质量监测点位的空间分布

1.2　监测设备

（1）常规监测污染物在线监测设备

环境空气中的气体污染物 NO_2、SO_2、CO 和 O_3 的监测主要采用 42i 型二氧化氮分析仪、43i 型二氧化硫分析仪、48i 型一氧化碳分析仪和 49i 型臭氧分析仪，颗粒物的监测采用 XHPM2000 型 $PM_{2.5}$ 大气颗粒物分析仪、XHPM2000B 型 PM_{10} 大气颗粒物分析仪。

（2）挥发性有机物在线监测设备

环境空气中的挥发性有机物组分的监测利用 TH-300BGC/MS 气质联用 VOCs 监测系统大气挥发性有机物在线监测系统。该设备采用超低温空管捕集技术与气相色谱—质谱联用（GC-MS）检测技术，应用于在线监测环境空气中痕量挥发性有机物的浓度；它的测量范围涵盖 102 种大气挥发性有机物，包括 56 种碳氢化合物、31 种卤代烃和 15 种含氧挥发性有机物，满足国际上通用的臭氧前驱体（PAMS）标准监测项目。一机一次采样同时分析 3 种以上不同类型挥发性有机物，氢火焰离子化检测器（FID）测量 C_2～C_5 的碳氢化合物；质谱（MS）测量 C_6～C_{12} 的碳氢化合物、含氧/氮挥发性有机物及卤代烃。

（3）大气颗粒物无机离子组分分析仪

大气颗粒物无机离子组分分析仪采用 IGACS-611 型设备，该设备可用于在线监测大气中的各种污染气体，如 SO_2、氯化氢（HCl）、亚硝酸（HNO_2）、硝酸（HNO_3）、氨气（NH_3）、甲酸、乙酸等及气溶胶中的各种离子，如硝酸盐、亚硝酸盐、硫酸盐、铵盐等主要的离子。可 24 h 全自动分析并提供逐时数据。

（4）有机碳/元素碳在线监测仪

MODEL4 型监测仪采用热光法测量原理非在线测量气溶胶/颗粒物样品中的总有机碳（OC）、总元素碳（EC）、碳酸盐碳（CC）、总碳（TC）含量。监测仪采用非主要应用于空气质量和气候变化研究颗粒物种类趋势网络（STN）应用研究颗粒物源解析及碳颗粒物分析。

（5）紫外辐射计

紫外辐射计采用 UVS-A-T 型设备，使用紫外分光镜和高灵敏度紫外荧光测量法来阻挡太阳可见光，并通过固体光电探测器将紫外光量子转换为可见光进行测量；测量 UV-A、UV-B 及总紫外强度。

（6）大气重金属在线分析仪

大气重金属在线分析仪采用 Xact625 型监测设备，使用 X 射线荧光光谱（XRF）技术对收集在纸带滤膜的环境气体及短时排放物进行无损分析。环境气体通过颗粒物粒径切割器进行采样。气体通过采样分析模块，并在滤纸带上收集颗粒相-金属元素。采样气体的体积可同时被流量计测量。采样气体自动前进至检测位置，由 XRF 对采集的气体进行金属元素分析。

（7）太阳光度计

太阳光度计采用 CE318N-EBS9 型分析仪，在可见光波段共设有 9 个光谱通道，分别为 340 nm、380 nm、440 nm、500 nm、675 nm、870 nm、936 nm、1 020 nm、1 640 nm，通过测量太阳和天空在可见光和近红外的不同波段、不同方向、不同时间的辐射光度来推算大气气溶胶光学厚度、水汽、臭氧等成分的特性。

（8）腔增强气溶胶消光测量仪

腔增强气溶胶消光测量仪（Cavity-enhanced Aerosol Extinction Monitor）是基于光腔衰荡吸收光谱技术发展的高灵敏度气溶胶消光系数测量装置，采用中心波长为 520 nm 的二极管激光器作为光源，激光器发射的光在自由空间中经隔离器进入高精细度谐振腔。高精细度谐振腔由两块高反射率透镜（532 nm，反射率大于 99.97%）和不锈钢管构成，不锈钢管的内径为 10 mm，外径为 12.7 mm，腔镜之间的距离约为 392 mm，进样流速为 1.5 L/min（包括 1 个 1.3 L/min 的样品流速和 2 个 100 mL/min 的保护气流速），样品在腔内的置换时间小于 2 s。透过高精细度谐振腔的光，入射至中心波长为 520 nm、带宽为 9 nm 的窄带滤光片，滤除环境中杂散光的影响后，被光电倍增管 PMT 接收，经数据采集计算系统计算气溶胶消光系数。

银川市空气质量监测设备如图 1-2 所示。

图 1-2　银川市空气质量监测设备

1.3　研究方法

1.3.1　空气质量评价方法

本研究采用《环境空气质量评价技术规范（试行）》（HJ 663—2013）开展小时、日、月、年的评价，采用《环境空气质量指数（AQI）技术规定（试行）》（HJ 633—2012）中的计算方法，利用逐时污染物浓度值，计算得到了逐时 AQI 值。按照技术规定：空气质量指数划分为 0～50、51～100、101～150、151～200、201～300 和＞300，分别对应空气质量指数的 6 个级别：优、良、轻度污染、中度污染、重度污染和严重污染。本研究根据研究时段的 AQI 逐时污染物浓度值对污染期间的空气质量级别进行统计分析。参考《环境空气质量评价技术规范（试行）》（HJ 663—2013），书中 $PM_{2.5}$ 和 O_3 采用环境空气质量比较评价二级标准，即 $PM_{2.5}$ 日均值大于 75 μg/m^3 记为 $PM_{2.5}$ 超标，以 O_3 小时平均浓度（O_3-1h）限值 200 μg/m^3 来判定 O_3 是否小时超标，以 O_3 日平均浓度（O_3-8h）限值 160 μg/m^3 来判定 O_3 是否日超标，以第 90 百分位数 O_3-8h 限值（MDA8-O_3）160 μg/m^3 来判定 O_3 是否月度、年度超标。本研究按照春季 3—5 月、夏季 6—8 月、秋季 9—11 月和冬季 12 月至次年 2 月进行四季划分，日间 8:00—19:00，夜间 20:00—次日 7:00。

1.3.2　分析方法

1.3.2.1　后向轨迹分析与潜在源贡献分析法

后向轨迹分析采用美国国家海洋和大气管理局（NOAA）开发的 HYSPLIT 模型（混合单粒子拉格朗日积分轨道模型），HYSPLIT 模型是一种计算分析气流运动、沉降、大气污染物输送和扩散轨迹过程的综合模式，有学者将此模型运用于研究空气污染物的输送扩散和来源解析。选取银川市（38.47°N，106.27°E）作为空气质量的代表点位，计算 2021 年逐日 8 时（北京时间）到达代表点位的 72 h 后向气流轨迹，对获得各季度的轨迹进行聚类分析。轨迹计算起始高度为 500 m，并结合各季度气流所对应的污染物浓度进行统计分析。研究区域按 0.25°×0.25°划分网格计算浓度权重轨迹。

潜在源贡献分析法（PSCF 模型）是污染物浓度达到一定水平经过特定迎风源区域后到达受体点的条件概率。应用 PSCF 模型对潜在源的分布进行描述和说明。此外，潜在源贡献分析法不仅适用于分析相对清洁的区域，也适用于分析污染严重的区域。利用 HYSPLIT 模型对后向轨迹进行分析，可初步判定影响银川市 $PM_{2.5}$ 和 O_3 浓度的气团主要方位与位置，但无法具体确定潜在源区对银川市的相对贡献度。选取银川市（38.47°N，106.27°E）作为空气质量的代表点位，计算 2021 年逐日 8 时（北京时间）到达代表点位的 72 h 后向气流轨迹，轨迹计算起始高度为 500 m，研究区域按 0.25°×0.25°划分网格计算。

1.3.2.2 来源解析方法

（1）正定矩阵因子分析模型

正定矩阵因子分析（PMF）模型是基于受体点的大量观测数据来估算污染源的组成和对环境浓度的贡献，假设 $\boldsymbol{X}$ 为 $n\times m$ 矩阵，n 为样品数，m 为污染物组分，那么 $\boldsymbol{X}$ 可分解为 $\boldsymbol{X}=\boldsymbol{GF}+\boldsymbol{E}$，其中 $\boldsymbol{G}$ 为 $n\times P$ 矩阵，$\boldsymbol{F}$ 为 $p\times m$ 矩阵，P 为主要源的数目，E 为残数矩阵，定义为：

$$X_{ij}=\sum_{k=1}^{p}g_{ik}f_{kj}+e_{ij} \qquad Q=\sum_{i=1}^{n}\sum_{j=1}^{m}\left[\frac{X_{ij}-\sum\limits_{k=1}^{p}g_{ij}f_{kj}}{u_{ij}}\right]^2 \tag{1-1}$$

式中，X_{ij} 为 i 样品中 j 组分的浓度；g_{ik} 为第 k 个源对第 i 个样品的相对贡献；f_{kj} 为第 k 个排放源中 j 组分的含量；e_{ij} 为残差。PMF 算法以 G（污染源载荷）和 F（源廓线）中元素非负为约束条件，通过加权最小二乘法使 Q 达到最小为最优，进而求解 G 和 F。基于 1 h 分辨率的 $PM_{2.5}$ 及化学组分数据，具有更大的样本量，且更能有效地反映出源的日变化信息，能有效地支撑 PMF 受体源解析。随着 $PM_{2.5}$ 化学组分在线监测技术的日趋成熟，逐渐有学者开展在线多组分数据与 PMF 模型的联用，获得时间信息更全面的 $PM_{2.5}$ 来源解析结果。本研究基于 2021 年全年 1 h 分辨率的 $PM_{2.5}$ 及化学组分数据，利用 EPA PMF5.0 软件开展 $PM_{2.5}$ 的来源解析。

（2）数值模型

a. 模型概况

气象（WRF）模型广泛应用于全球气候变化研究、大范围多区域天气预报，以及空气质量模拟等领域。通过全球用户群的开发和贡献，WRF 模型已发展成为真正的区域模型。WRF 模型不仅在气象模拟方面应用广泛，其应用还可以延伸至大气污染物的模拟，包括气象数据同化的研究、大气物理和大气化学过程参数化的研究、区域气象模拟耦合大气污染物浓度与化学过程模拟等。

化学传输（CMAQ）模型是一种成熟的、具有代表性的第三代空气质量模型。CMAQ 秉承“一个大气”的主体开发思想，将许多大气物理与化学领域的最新成果融为一体，把对流层及以下的大气环境看作一个整体，考虑大气运动过程中已有定论的所有理化过程，同时考虑所有大气成分中各组分与物种之间的相互迁移和转化反应，力求最大限度地再现和模拟大气环境。可用于单一城市乃至单一网格到多区域物种尺度光化学烟雾，模拟域内的干湿沉降、大气颗粒物及 O_3 前体物造成的污染等对生态环境有害的问题及其机理探究与模拟预报。

b. 模拟区域

WRF 模型与 CMAQ 模型的水平模拟网格均为兰伯特地图投影，采用双层嵌套模拟网格设置（图 1-3），外层网格边界场采用 CMAQ-hemi 设置，内层网格边界场由外层模拟提供，在保证计算效率的前提下可以提高目标区域模拟网格的分辨率，并减轻目标区域受外层边界传输的影响。外层网格分辨率为 27 km，网格行列数为 75×54，主要包括我国中北部地区；内层网格分辨率为 9 km，网格行列数为 139×100，覆盖了银川市及其周边 21 个市（自治州），包括包头市、乌海市、鄂尔多斯市、巴彦淖尔市、阿拉善盟、延安市、榆林市、金昌市、白银市、张掖市、庆阳市、临夏回族自治州、西宁市、海东市、海北藏族自治州、石嘴山市、吴忠市、固原市、中卫市、武威市、兰州市。

c. 参数化方案

WRF 模型使用版本为 4.1.3，垂直方向采用地形跟随坐标（Sigma 坐标），共分为 33 层，其中第一层高度约 60 m，模式层顶压强为 5 kPa。WRF 模型的陆地表面方案使用的是 Noah 方案，边界层方案为 YSU 方案，云微物理方案为 Li M 等研发的方案，积云方案采用 Grell-Freitas 方案，长波辐射和短波辐射均采用 RRTMG 方案。

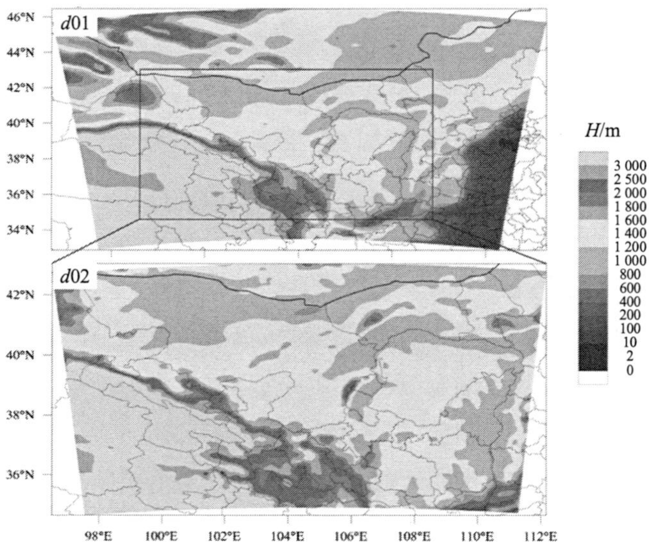

图 1-3 双层嵌套模拟网格设置

CMAQ 模型使用版本为 5.3.2，垂直方向也采用地形跟随坐标，共分为 30 层，其垂直结构与 WRF 模型保持一致。CMAQ 模型同时考虑了气象化学与液相化学过程，其中气象化学机理采用 CB06-TUCL，气溶胶化学过程模块采用 AERO7，同时考虑污染物的干湿沉降过程，人为源和生物源均采用三维网格化排放，并计算对流输送和湍流输送。

WRF-CMAQ 模型结构如表 1-1 所示。

表 1-1 WRF-CMAQ 模型结构

气象模型（WRF-4.1.3）		化学传输模型（CMAQ-5.3.2）	
网格分辨率	9～27 km	网格分辨率	9～27 km
垂直层	33 层	垂直层	30 层
陆地表面方案	Noah	气象化学机理	CB06-TUCL
边界层方案	YSU	气溶胶模块	AERO7
云微物理方案	LinM	沉降	干湿沉降
积云方案	Grell-Freitas	人为源	三维网格化排放
长波辐射方案	RRTMG	生物源	三维网格化排放
短波辐射方案	RRTMG	输送	对流、湍流

d. 模型验证

WRF 模型验证的主要思路是提取模型中与实际气象观测站点所对应网格的模拟值，并通过时间序列分析和统计分析等方式评价模型模拟的优劣。使用主要气象参数的日均值进行评估分析，除时间序列分析外，使用模拟值（PRE）、实测值（OBS）、平均偏差（MB）、总误差（GE）、均方根误差（RMSE）和相关系数（*R*）进行定量评估。表 1-2 为主要气象参数的统计评估结果和 Emery 等提出的参考标准的对比情况。从评估结果看，温度的模拟效果很好，MB 为 0.44℃，GE 为 1.67℃，均小于参考标准，且对温度变化趋势的模拟值与观测值十分吻合，*R* 为 0.99，呈极高正相关。相对湿度存在低估，MB 为 –8.38%，其变化趋势模拟较好，相关系数为 0.76，呈高度正相关。风速的模拟整体较好，存在一定的高估，MB 为 0.48 m/s，GE 为 0.85 m/s，RMSE 为 1.11 m/s，均在参考标准规定的范围之内，变化趋势模拟尚可，*R* 为 0.64，呈中度正相关。风向的模拟整体上较差，MB 为 9.2°，GE 为 39.79°，总误差超过了参考标准的范围，变化趋势模拟效果尚可，*R* 为 0.55，呈中度正相关。横向对比其他研究发现，本研究模拟的评估结果与其他研究整体处于相似水平，温度模拟甚至更优，可以认为本次 WRF 模式达到评估要求。

表 1-2　WRF 模型评估统计

	PRE	OBS	MB	GE	RMSE	*R*
温度/℃	12.70	11.57	0.44 （≤±0.50）	1.67 （≤2.00）	2.08	0.99
相对湿度/%	38.72	47.09	–8.38	9.81	11.69	0.76
风速/（m/s）	2.64	2.02	0.48 （≤±0.50）	0.85 （≤2.00）	1.11 （≤2.00）	0.64
风向/°	173.35	164.15	9.20 （≤±10.00）	39.79 （≤±30.00）	52.13	0.55

注：括号内为参考标准。

CMAQ 模型验证的主要思路和气象模型类似，同样也是提取模型中与实际监测站点相对应的网格的各主要污染物浓度的模拟值，并与实际监测值相比较来判断模型模拟效果的好坏。与气象验证不同的是，CMAQ 模型验证主要参照 Yu 等提出的评估方法，计算 NMB 及 NME，绘制球门图来判别多站点模拟结果与实际监测值的吻合情况。球门图是一种专门用来展示评估结果的绘图方式，它将 NMB

作为横坐标，NME 作为纵坐标，用虚线线框表示不同的标准区域，其中，内部小虚线框表示 NMB 绝对值小于等于 15%、NME 小于等于 35%的区域，称为“目标标准”；内部大虚线框表示 NMB 绝对值小于等于 30%、NME 小于等于 75%的区域，称为“准则标准”。

文昌北街、水乡路点位 SO_2 模拟 NMB 显著偏高，其他点位均达到准则标准；各点位 NO_2 模拟均达到准则标准，学院路点位最优，达到目标标准；贺兰山东路点位 CO、$PM_{2.5}$ 和 PM_{10} 均存在一定低估，导致其超过了准则标准，其他各点位 CO、$PM_{2.5}$ 和 PM_{10} 模拟均达到目标标准，颗粒物低估的主要原因是 CMAQ 模型对沙尘天气的响应不够灵敏；对 O_3 的模拟除滨河新区点位以外，所有点位均达到准则标准，文昌北街及贺兰山马莲口点位达到目标标准，模拟效果很好（图 1-4）。

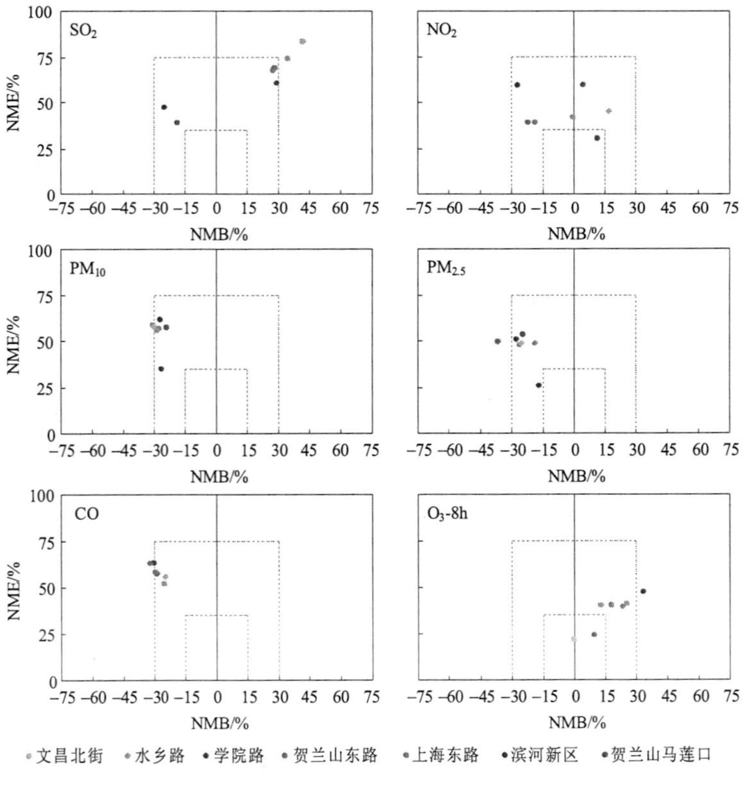

图 1-4　监测点位 6 种主要污染物评估统计球门

造成 CMAQ 模拟结果与实际结果偏差的原因有很多，例如，气象场驱动的偏差、污染物排放源清单的偏差及 CMAQ 模型中各类物理化学过程的偏差等。通过横向对比其他类似研究，对各种主要污染物的模拟能力整体与其他研究处在相当的水平，可以较为准确地模拟出银川市空气污染态势，用于后续的来源解析研究。

1.4　本章小结

本章介绍了用于研究的数据来源、时间段及点位位置图，详细描述了用于获取观测数据的方法和原理，同时介绍了用于污染物来源解析的方法，包括后向轨迹与聚类分析方法、正定矩阵因子分析（PMF）模型、WRF 模型、CMAQ 模型等，并开展了模型方法的验证研究，验证了模型预测的准确性。

第 2 章

银川市大气颗粒物和臭氧污染特征

2.1 污染态势

2.1.1 年际变化

2016—2021 年银川市大气 $PM_{2.5}$年评价值呈波动（2020 年有所上升）下降的趋势（图 2-1）。$PM_{2.5}$年评价值由 2016 年的最高 48 μg/m^3 降至 2021 年的最低 33 μg/m^3，降幅达 31.3%。虽然 $PM_{2.5}$浓度削减降幅较大，但 $PM_{2.5}$年评价值在 2016—2018 年以及 2020 年仍然都超过《环境空气质量标准》（GB 3095—2012）国家二级标准限值（以下简称“二级标准”）。

2016—2021 年银川市 O_3年评价值（MDA8-O_3）整体呈上升趋势（图 2-1）。2017 年 O_3年评价值最高，为 155 μg/m^3，2016—2017 年呈上升趋势，2017 年达到最大值后至 2019 年呈下降趋势，2020—2021 年有小幅上升。2016—2021 年，O_3年评价值均达到二级标准。

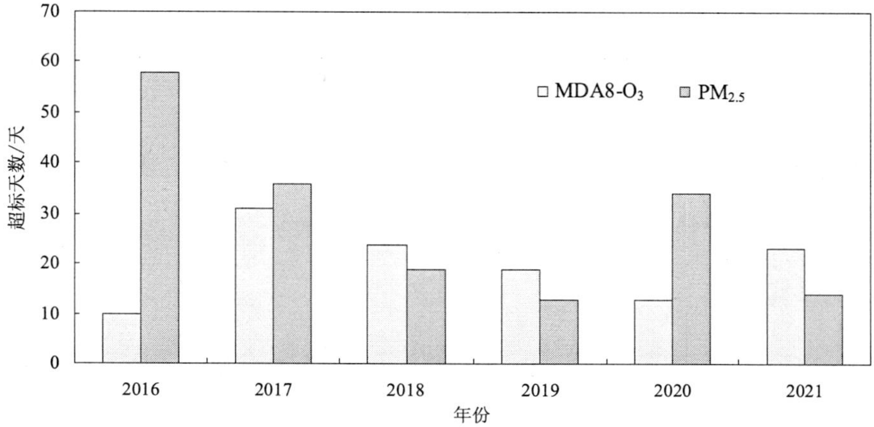

图 2-1　2016—2021 年银川市大气 $PM_{2.5}$ 和 O_3 浓度年评价值变化

2016—2021 年，银川市共出现 $PM_{2.5}$ 污染天数 174 d，占近 6 年总污染天数的 43.6%。其中，轻度污染占比最高，为 5.8%，其余依次是中度污染（1.3%）、重度污染（0.7%）、严重污染（0.1%）。2016 年 $PM_{2.5}$ 污染天数最多，达到 58 d；其余依次是 2017 年（36 d）、2020 年（34 d）、2018 年（19 d）、2021 年（14 d）、2019 年（13 d）。

2016—2021 年，银川市共出现 O_3 污染天数 120 d，占近 6 年总污染天数的 30.1%。6 年来 O_3 仅出现轻度污染和中度污染状况，未出现重度及严重污染状况，O_3 污染中轻度污染天数占比最高，占总污染天数比例的 5.3%，其次为中度污染，占总污染天数比例为 0.2%。2017 年 O_3 污染天数最多，达到 31 d；2016 年污染天数最少，为 10 d；2017—2020 年 O_3 污染天数逐年递减，2018 年、2019 年 O_3 污染天数分别为 24 d、19 d，相较 2017 年，2020 年 O_3 污染天数减少了 18 d；2021 年 O_3 污染天数小幅上升，达到 23 d。

2.1.2　季节变化

2016—2021 年，银川市冬季的 $PM_{2.5}$ 浓度平均值最高，达 57 μg/m^3，其次为春季和秋季，分别为 37 μg/m^3 和 36 μg/m^3，夏季最低，为 23 μg/m^3。$PM_{2.5}$ 浓度在冬季、春季和秋季超过二级标准的天数较多，分别为 120 d、24 d 和 27 d；夏季超标天数相对较少，仅有 3 d。MDA8-O_3 浓度在四季中大小顺序为夏季＞春季＞

秋季＞冬季，分别为 172 μg/m³、142 μg/m³、120 μg/m³、91 μg/m³；可以看出夏季 MDA8-O_3 浓度最高，为 172 μg/m³，超出二级标准 0.08 倍。由于 O_3 受温度、光照和太阳辐射等多种因素的影响，光化学反应在夏季比较强烈，因此 O_3 浓度在夏季较高。另外，4 月、5 月太阳辐射和日照时数同样充足，导致春季的 O_3 浓度仍然维持在较高水平，而秋季和冬季的 O_3 浓度则相对较低。

2.1.3 月度变化

2016—2021 年银川市大气 $PM_{2.5}$ 和 O_3 浓度的月度分布如图 2-2 所示。从图 2-2 中可以看出，$PM_{2.5}$ 浓度高值主要集中在 1 月、2 月、11 月、12 月。从月均浓度来看，近 6 年来银川市 $PM_{2.5}$ 月均浓度在 2016 年达到最大值后缓慢降低，到 2020 年有所抬升，在 2021 年小幅下降。其中，2016 年 12 月达到峰值 92 μg/m³，2020 年在 1 月、11 月、12 月有明显的抬升现象，其中 2020 年 1 月 $PM_{2.5}$ 月均浓度为 90 μg/m³，位居近 6 年月均浓度第二，较 2016 年上升 34.3%；2020 年冬季 $PM_{2.5}$ 平均浓度为 69 μg/m³，位居近 6 年第二，较 2018 年上升 29.2%，说明银川市 $PM_{2.5}$ 在 2020 年冬季有污染加重趋势。

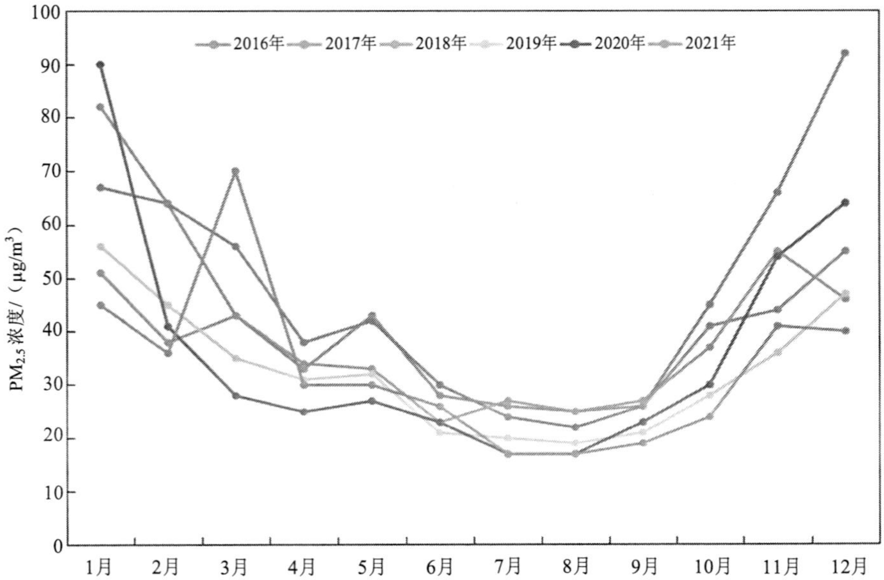

（a）2016—2021年银川市大气$PM_{2.5}$浓度月度分布

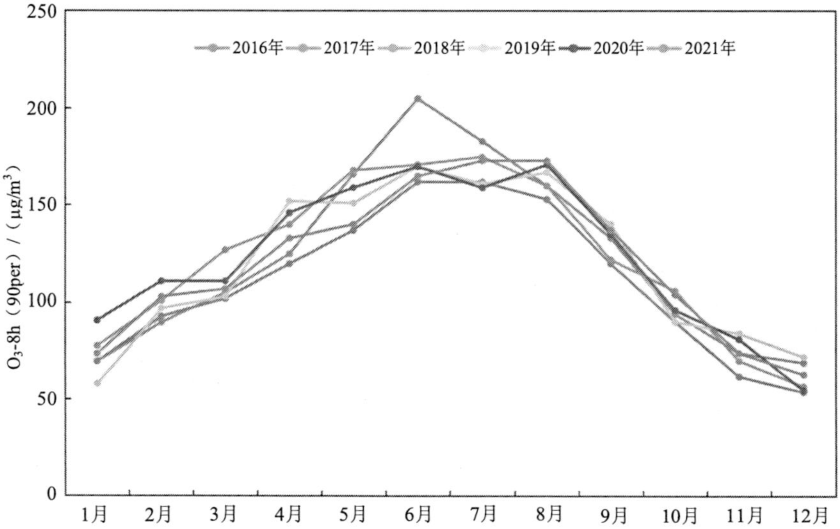

（b）2016—2021年银川市大气O_3浓度月度分布

图 2-2　2016—2021 年银川市大气 $PM_{2.5}$ 和 O_3 浓度月度分布

MDA8-O_3 浓度高值主要集中在 5 月、6 月、7 月、8 月。2021 年较 2016 年 MDA8-O_3 浓度超标月份由 6 月、7 月增加至 6 月、7 月、8 月，MDA8-O_3 浓度由 2016 年的 162 μg/m^3（6 月、7 月）上升至 2021 年的 173 μg/m^3（7 月、8 月），说明银川市 O_3 污染呈污染时间延长、污染程度加重的特征。

图 2-3 统计了 2016—2021 年银川市大气 $PM_{2.5}$ 和 O_3 在 12 个月份中的超标天数。从图 2-3 中可以看出，近 6 年 $PM_{2.5}$ 在 1 月超标天数最多，达到 59 d；6 月、8 月和 9 月均未出现 $PM_{2.5}$ 超标现象。其中，2017—2020 年 $PM_{2.5}$ 超标天数最多的月份均在 1 月，分别为 5 d、6 d、8 d、22 d，而 2016 年 $PM_{2.5}$ 超标天数最多的月份在 12 月，为 17 d，2021 年 $PM_{2.5}$ 超标天数为 6 d，说明银川市 $PM_{2.5}$ 超标天数集中在 1 月、12 月。

分析近 6 年来监测数据，O_3 在 4—9 月出现超标现象，在 1—3 月和 10—12 月均未出现超标现象。4—9 月，O_3 在 6 月超标天数最多，为 39 d；4 月、9 月超标天数最少，均为 3 d。其中，2016—2020 年 O_3 超标天数最多的月份均集中在 6 月，分别为 4 d、14 d、6 d、7 d、4 d，而 2021 年 O_3 超标天数最多的月份在 7 月，为 11 d。

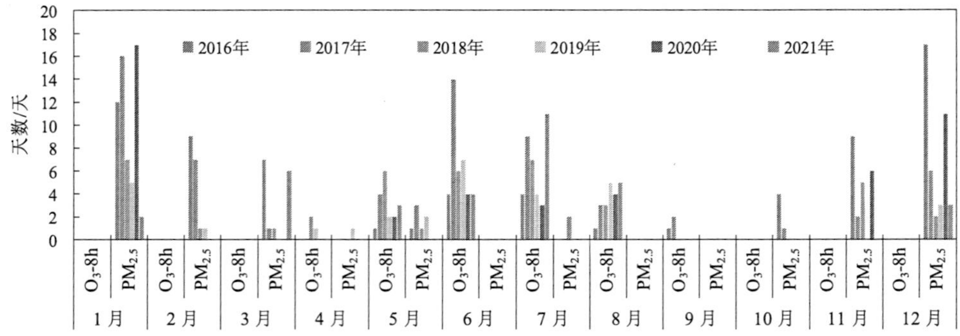

图 2-3 2016—2021 年银川市大气 $PM_{2.5}$ 和 O_3 超标天数月度分布

2.1.4 日变化

2016—2021 年，银川市大气 $PM_{2.5}$ 和 O_3 浓度在中度及以上污染的逐日分布如图 2-4 所示。2016—2017 年 $PM_{2.5}$ 污染超标主要集中在 1 月、2 月、5 月、10—12 月。$PM_{2.5}$ 浓度分别在 2016 年 5 月 20 日和 2017 年 1 月 3 日达到最大值，分别为 186 μg/m^3 和 187 μg/m^3，其中 2016 年最大值为沙尘天气所致；2018 年 $PM_{2.5}$ 污染超标主要集中在 1 月、5 月、7 月、11 月、12 月，$PM_{2.5}$ 浓度在 2018 年 7 月 15 日达到最大值，为 161 μg/m^3，为沙尘天气所致；2019 年 $PM_{2.5}$ 污染超标主要集中在 1 月、5 月、12 月，$PM_{2.5}$ 浓度在 2019 年 1 月 13 日达到最大值，为 105 μg/m^3；2020 年 $PM_{2.5}$ 污染超标主要集中在 1 月、12 月，$PM_{2.5}$ 浓度在 2020 年 1 月 10 日达到最大值，为 233 μg/m^3；2021 年 $PM_{2.5}$ 污染超标主要集中在 1 月、3 月，$PM_{2.5}$ 浓度在 2021 年 3 月 15 日达到最大值，为 502 μg/m^3，为沙尘天气所致。

2016—2021 年 O_3 浓度超标均主要发生在 4—9 月，2016 年 MDA8-O_3 最大值发生在 7 月 29 日，浓度为 201 μg/m^3；2017 年 MDA8-O_3 最大值发生在 6 月 16 日，浓度为 240 μg/m^3；2018 年 MDA8-O_3 最大值发生在 7 月 13 日，浓度为 220 μg/m^3；2019 年 MDA8-O_3 最大值发生在 6 月 14 日，浓度为 186 μg/m^3；2020 年 MDA8-O_3 最大值发生在 6 月 20 日，浓度为 211 μg/m^3；2021 年 MDA8-O_3 最大值发生在 6 月 22 日，浓度为 210 μg/m^3。

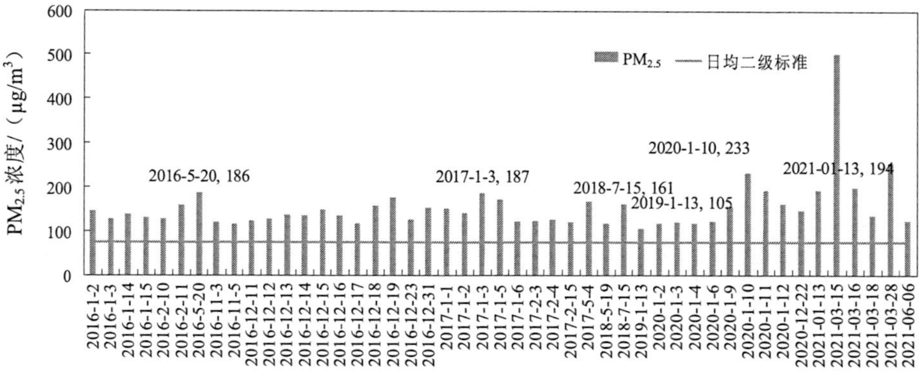

（a）2016—2021年银川市大气$PM_{2.5}$浓度日变化分布

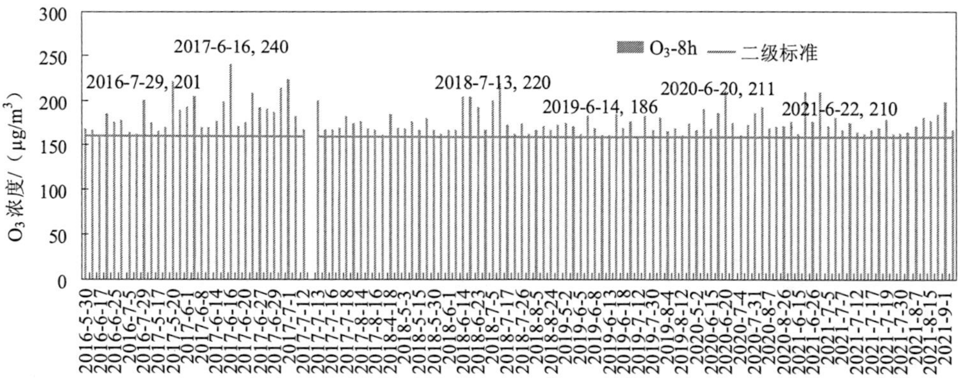

（b）2016—2021年银川市大气O_3浓度日变化分布

图 2-4　2016—2021 年银川市大气 $PM_{2.5}$ 和 O_3 浓度日变化分布

2.2　时间动态特征

基于上述 2016—2021 年银川市 $PM_{2.5}$ 和 O_3 污染特征，推测 $PM_{2.5}$ 和 O_3 的相互作用存在一定关系，因此通过线性回归和相关分析对其进行比较与讨论。

2.2.1　污染发生时段

统计 2016—2021 年银川市 $PM_{2.5}$ 日均值与 MDA8-O_3 的浓度值，发现银川市仅出现 1 d（2018 年 7 月 16 日）的 $PM_{2.5}$ 与 O_3 轻度污染的复合型污染天气，对照点及农村点均未发生。选取 2018 年 7 月 16 日进行分析。结合气象数据和 $PM_{2.5}$、PM_{10}、O_3 小时浓度变化特征来看，7 月 15 日 0:00—4:00，银川市环境空气质量呈优良水平，$PM_{2.5}$、PM_{10}、O_3 小时浓度分别为 18～25 μg/m^3、34～54 μg/m^3、62～79 μg/m^3，7 月 15 日 5 时银川市出现沙尘天气，环境空气质量由优良突变至严重污染，$PM_{2.5}$、PM_{10} 小时浓度分别上升至 258 μg/m^3、454 μg/m^3，能见度由 20 km 降至 2～5 km，截至 7 月 16 日 9 时环境空气质量持续重度以上污染状态，7 月 16 日日间，沙尘逐步回落，银川市地面平均风速维持在 1.4 m/s 左右，大气水平扩散条件一般，$PM_{2.5}$、PM_{10} 分别降至 52 μg/m^3、148 μg/m^3 的高浓度水平，11:00—22:00 气温均维持在 29℃以上的高温天气，7 月 15 日 21 时至 16 日 9 时，银川市 NO_2 呈现持续高值现象，较前一日同时段上升 2.6～5.3 倍，夜间 NO_2 的排放为 O_3 生成提供充足的前体物，是导致 13:00—20:00 O_3 小时浓度抬升至 166～199 μg/m^3，叠加高温、静风等气象条件造成的颗粒物（$PM_{2.5}$、PM_{10}）与 O_3 轻度污染的复合型污染天气的主要成因。

2.2.2 浓度变化特征

（1）$PM_{2.5}$ 和 O_3 浓度年度变化关系特征

计算 2016—2021 年 $PM_{2.5}$ 和 O_3 小时均值，并采用皮尔逊（Pearson）相关系数以此量化 $PM_{2.5}$ 与 O_3 的相关性。2016—2021 年 $PM_{2.5}$ 和 O_3 呈明显的负相关，O_3 浓度随着 $PM_{2.5}$ 的增加而减少，相关系数分别为 0.702、0.795、0.847、0.830、0.796、0.721。将 $PM_{2.5}$ 日均值以 35 μg/m^3、75 μg/m^3、115 μg/m^3、150 μg/m^3 为临界值分为 4 类，分别对应于 $PM_{2.5}$ 的单项指标优、良、轻度污染、中度污染及以上等级。分析在不同 $PM_{2.5}$ 污染条件下的 O_3 的变化特征，从其相关性来看，均呈明显的负相关关系。随着 $PM_{2.5}$ 浓度的升高，高浓度的 $PM_{2.5}$ 不仅会散射、吸收太阳辐射，使到达地表的太阳辐射量减少，还会通过增加云凝结核数浓度、增大云光学厚度来减少太阳辐射，进而在白天抑制 O_3 生成。颗粒物浓度增大的同时颗粒物表面积浓度随之增加，发生在颗粒物表面的非均相反应过程也会对 O_3 浓度产生影响。当 $PM_{2.5}$ 日均值小于等于 35 μg/m^3 时，O_3 浓度为 37～224 μg/m^3，其中 O_3 呈轻度污染天数为 78 d、中度污染天数为 12 d，占 O_3 总污染天数的 92.8%，主要集中在 6—8 月；当 $PM_{2.5}$ 日均值为 36～75 μg/m³ 时，O_3 浓度为 14～240 μg/m³，其中 O_3 呈轻度污染天数为 5 d、中度污染天数为 1 d，占 O_3 总污染天数的 6.2%；当 $PM_{2.5}$ 日均值为 75～115 μg/m³ 时，O_3 浓度为 21～183 μg/m³，其中 O_3 呈轻度污染天数为 1 d，占 O_3 总污染天数的 1.0%；当 $PM_{2.5}$ 日均值大于 151 μg/m³ 时，O_3 浓度为 21～139 μg/m³，O_3 等级均为良。

2016—2021 年银川市 $PM_{2.5}$ 和 O_3 浓度散点图和拟合方程如图 2-5 所示。

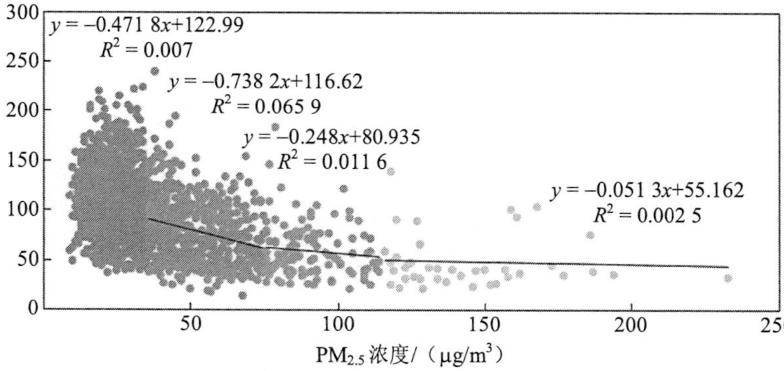

图 2-5 2016—2021 年银川市 $PM_{2.5}$ 和 O_3 浓度散点图和拟合方程

（2）$PM_{2.5}$ 和 O_3 浓度月度变化关系特征

统计 2016—2021 年银川市大气 $PM_{2.5}$ 和 O_3 浓度月度变化情况，分别计算银川市 $PM_{2.5}$ 的 24 h 均值、MDA8-O_3、$PM_{2.5}$ 和 O_3 日间均值与夜间均值（图 2-6），$PM_{2.5}$ 浓度和 O_3 浓度变化曲线趋势相反。$PM_{2.5}$ 呈现“夏季低、冬季高”的变化特点，最高值出现在 1 月，浓度为 65 μg/m³，同时夜间时段 $PM_{2.5}$ 的月均浓度整体较日间高，高出 3～8 μg/m³。主要原因是冬季气温较低，大气层结相对稳定，边界层高度低，不利于污染物的传输扩散且冬季燃煤取暖导致颗粒物排放量增加。O_3 浓度变化特征为“夏季高、冬季低”，最高值出现在 6 月，MDA8-O_3 浓度为 173 μg/m³，同时日间时段 O_3 的月均浓度整体较夜间高，高出 17～51 μg/m³。这是由于夏季和日间时段气温高，太阳辐射强度大，有利于 O_3 的光化学生成。从 $PM_{2.5}$ 和 O_3 浓度月度相关性分析可以看出，$PM_{2.5}$ 的 24 h 均值与 MDA8-O_3、$PM_{2.5}$ 和 O_3 日间均值与夜间均值均呈负相关，相关系数分别为 0.88、0.84 和 0.74，日间的相关性高于夜间。

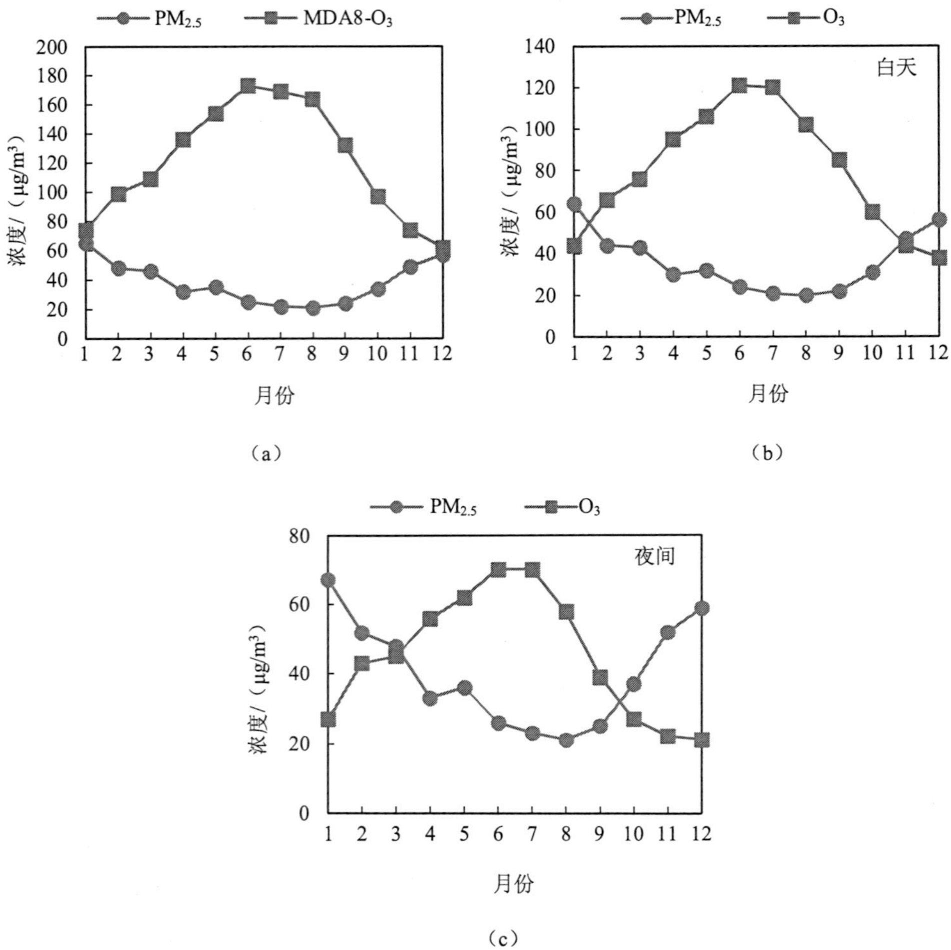

图 2-6　2016—2021 年银川市 $PM_{2.5}$ 和 O_3 月度变化规律

利用银川市 $PM_{2.5}$ 和 O_3 日均值计算 $PM_{2.5}$ 和 O_3 相关系数月度变化（图 2-7），从年度相关系数看，2016 年和 2019 年是近 6 个月相关性最强的年份，均出现了 6 个月的强相关，集中的月份分别为 1 月、2 月（2019 年）、4 月（2016 年）、10 月、11 月、12 月，其中 1 月、10 月、11 月、12 月呈显著的负相关，2 月、4 月呈显著的正相关。从月度变化特征可以看出，银川市相关系数月度变化特征呈现“秋冬季高、夏春季低”，与 $PM_{2.5}$ 的变化趋势相似。其中，3—7 月、9 月相关系数在 0.02～0.33 间波动，表明呈弱相关；在夏季的 8 月相关系数在 0.13～0.55 间波动，在 2016 年、2019 年、2020 年呈显著正相关，相关系数分别为 0.39、0.40、0.55，说明 8 月 O_3 浓度高、大气氧化性强可能导致 $PM_{2.5}$ 二次氧化生成；在冬季的 11 月、12 月及翌年 1 月相关系数在 0.5 波动，范围为 0.41～0.70，除 2017 年 11 月、2018 年 1 月及 2020 年 11 月、12 月以外均呈显著负相关，这主要是冬季不利的排放和扩散条件导致 $PM_{2.5}$ 浓度高，且气象条件不利于 O_3 生成，使 $PM_{2.5}$ 对 O_3 生成的抑制作用占主导地位，由此导致了冬季 $PM_{2.5}$ 和 O_3 的负相关性。

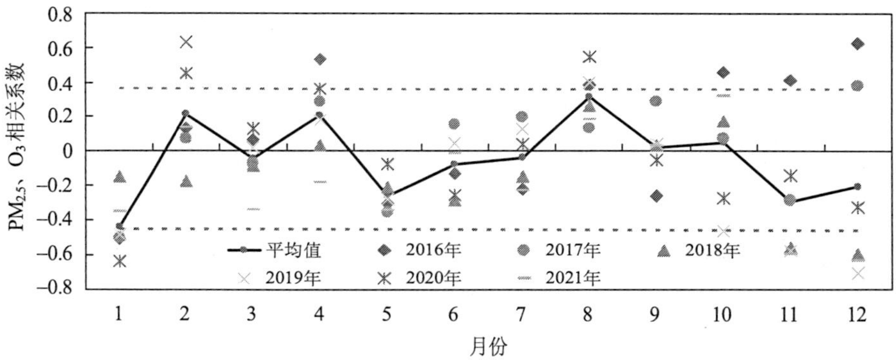

图 2-7　2016—2021 年银川市 $PM_{2.5}$ 和 O_3 相关系数月度变化

注：两条黑色虚线外侧的点均通过 90%的显著性检验。

（3）$PM_{2.5}$ 和 O_3 浓度日变化关系特征

统计 2016—2021 年银川市不同季节 $PM_{2.5}$ 和 O_3 日变化相关性情况（图 2-8），从各个季节的变化特征，可以看出银川市 $PM_{2.5}$ 和 O_3 相关系数日变化均呈负相关性的双峰形特征，在早晨（5:00—8:00）和午后时段（12:00—17:00）各有一个峰值，其中春季、秋季和冬季的峰值时间较为一致，峰值时段集中在 7:00 和 15:00—16:00，在秋季、冬季相关系数的平均值分别为 –0.45、–0.46，为全年相关性最大的季节，说明 $PM_{2.5}$ 对 O_3 生成的抑制作用越强，二者负相关性越大。春季的相关系数平均值为 –0.09，其中在午后时段呈现特征与 O_3 浓度日变化相似，符合大气氧化性的一般日变化特征，即大气氧化性越强，O_3 对 $PM_{2.5}$ 的氧化作用越强，银川市春季 $PM_{2.5}$ 和 O_3 相关系数为 –0.018，为全年相关性最低的季节，双峰变化特征不显著。

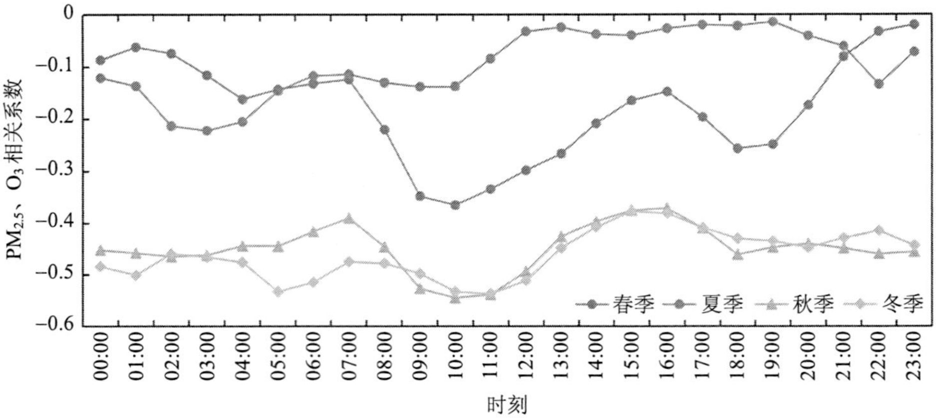

图 2-8　2016—2021 年银川市 $PM_{2.5}$ 和 O_3 相关系数日变化

2.3　空间分异规律

2.3.1　不同类型监测点位差异性

统计 2017—2021 年银川市现有的 13 个监测点位的 $PM_{2.5}$ 年度超标天数和年度均值、O_3 的年度超标天数和 MDA8-O_3 的浓度值（图 2-9），将 13 个监测点位划分为 4 个类型，分别包括城市监测点位、农村监测站点、清洁对照点及工业园区点，从监测结果可以看出，2017—2021 年 $PM_{2.5}$ 的年平均浓度由高到低的监测点位依次为工业园区点、城市监测点位、农村监测站点、清洁对照点，历年来 $PM_{2.5}$ 年均浓度最低的年份为 2019 年，4 个类型的监测点位均位居近 5 年最低值，城市监测点位和农村监测站点的 $PM_{2.5}$ 年均浓度在 2017—2019 年呈下降趋势，之后在 2020—2021 年再次升高，其中城市监测点位 2021 年的 $PM_{2.5}$ 年均浓度较 2017 年上升 1 μg/m^3，农村监测站点 2021 年的 $PM_{2.5}$ 年均浓度与 2017 年持平，清洁对照点及工业园区点的 $PM_{2.5}$ 年均浓度在 2017—2019 年呈下降趋势，2018 年、2019 年分别较 2017 年下降了 21.4%、24.5%，在 2020 年微有上升后再次下降。2017—2021 年 $PM_{2.5}$ 的超标天数总和由高到低的监测点位依次为工业园区点、城市监测点位、农村监测站、清洁对照点，分别为 147 d、100 d、38 d 和 29 d，从年份变化情况来看，与 $PM_{2.5}$ 年均浓度变化趋势一致，均呈 2017—2019 年下降，在 2020 年有所升高后，在 2021

年略有下降的趋势。从 O_3 超标天数和年评价 MDA8-O_3 的监测结果可以看出，由高到低的站点依次为清洁对照点、城市监测点位、农村监测站点、工业园区点；从 MDA8-O_3 的年变化监测结果来看，除清洁点以外，其他类型站点整体均呈下降趋势；从超标天数变化趋势来看，城市监测点位和农村监测站点在 2017—2020 年呈下降趋势后，在 2021 年有所回升，2020 年有所下降，2021 年再次上升，表明近年来大气污染防治措施的实施对 $PM_{2.5}$ 与 O_3 污染的治理取得了一定成效。但 2020 年以来，各站点的 $PM_{2.5}$ 年均浓度、超标天数及 O_3 超标天数和年评价 MDA8-O_3 不降反升，$PM_{2.5}$ 结果显示，工业园区点受排放集中的影响，仍是污染集中的区域，农村监测站点和清洁对照点受气象条件和地形的影响，也受到污染输送的影响；MDA8-O_3 结果显示，清洁对照点站点高于城市，受山前区地形和风速、风向等因素的影响，城区污染源排放的前体物（VOCs 和 NO_x）及经光化学反应生成的 O_3 会扩散到清洁对照站点，且城区 NO_x 浓度较高，夜间 NO 滴定效应导致的 O_3 消耗量高，使城区 O_3 浓度较清洁对照站点低。此外。清洁对照站点植被茂密，森林覆盖率高，贡献了大量的以异戊二烯和萜烯类物质等为代表的生物源挥发性有机物（BVOCs），增强了大气光化学活性，促进了 O_3 的生成。

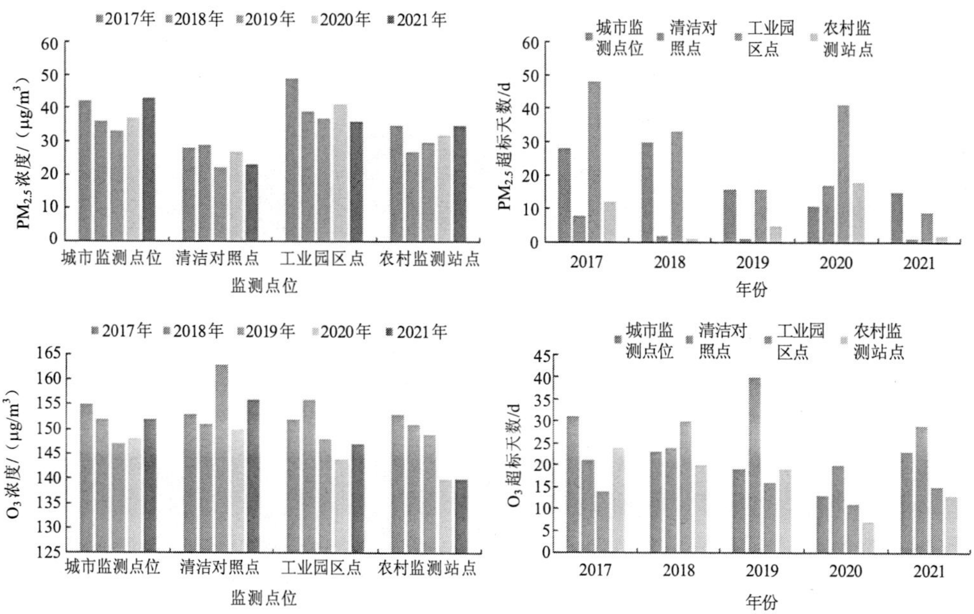

图 2-9　2017—2021 年银川市各类型监测点位 $PM_{2.5}$ 和 O_3 年均浓度与超标天数变化

2.3.2 空间分布格局

统计 2017—2021 年银川市所有站点 $PM_{2.5}$ 与 O_3 的超标天数年均值（图 2-10），从监测结果的空间特征可以看出，随着年际的变化空间分布呈现出 $PM_{2.5}$ 与 O_3 的北部、东南部复合特征，在 2020—2021 年银川市东南区域的灵武市和永宁县均呈现出 $PM_{2.5}$ 与 O_3 的较高浓度的复合污染特征，具有明显的区域一致性。

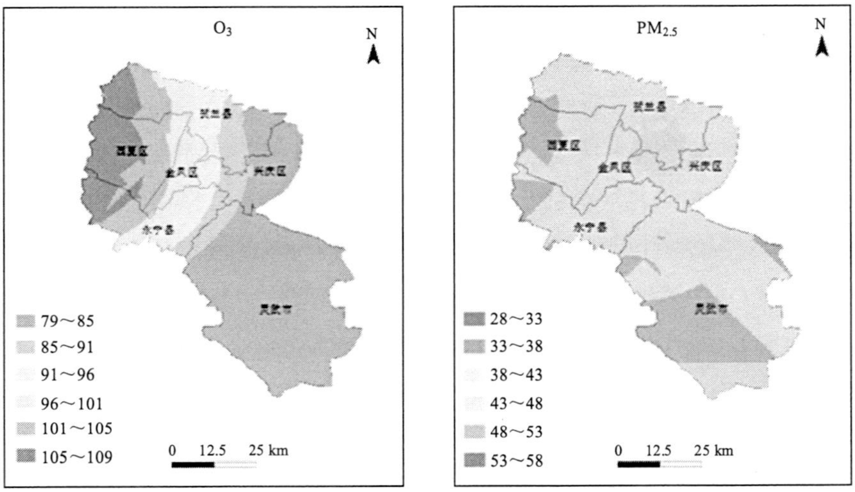

（a）2017 年

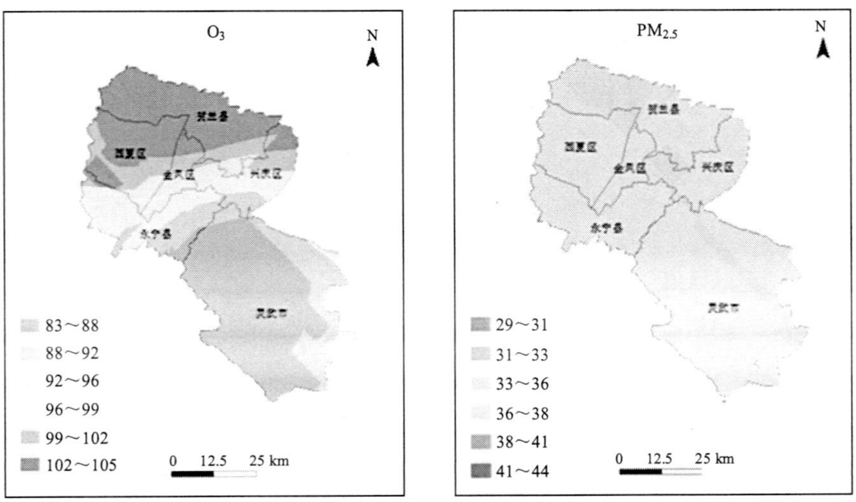

（b）2018 年

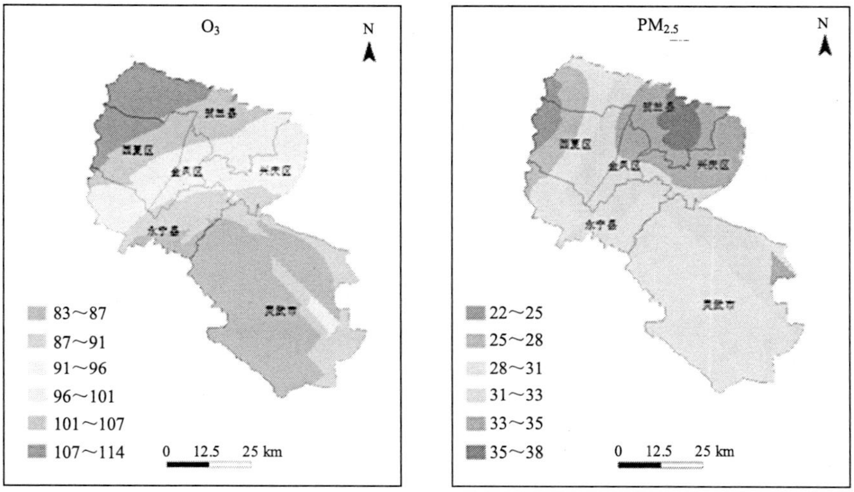

（c）2019 年

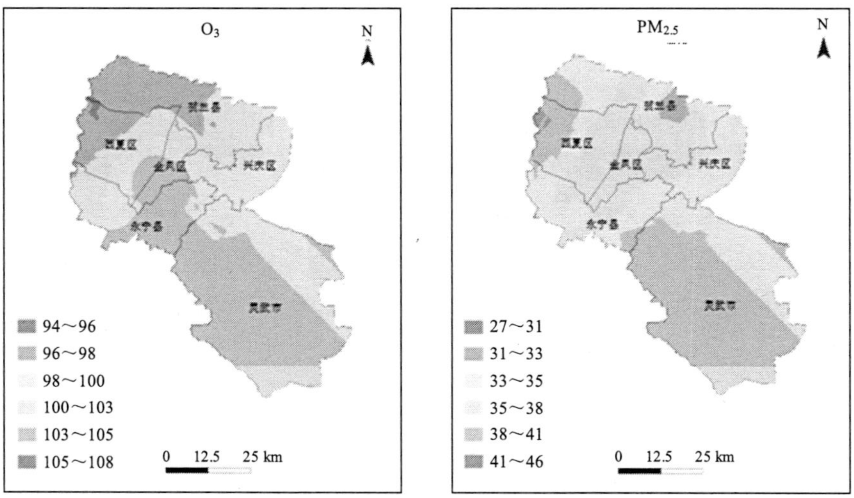

（d）2020 年

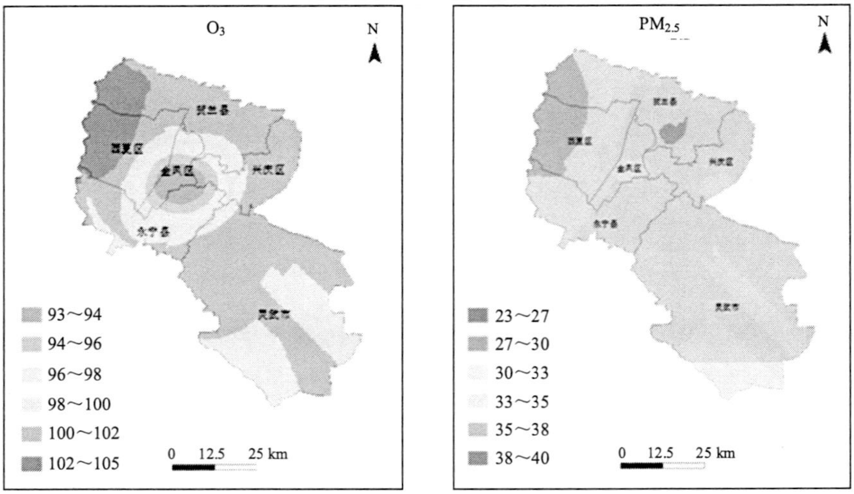

（e）2021 年

图 2-10　2017—2021 年银川市 $PM_{2.5}$ 和 O_3 超标天数年均值空间分布

（1）银川市 $PM_{2.5}$ 空间分布格局

2017—2021 年银川市 $PM_{2.5}$ 的浓度呈现出东北及西南区域高、西北及东南区域低的特征。其中，在 2017—2020 年银川市 $PM_{2.5}$ 的浓度具有明显的行政区划特征，基本呈现出贺兰县、西夏区西南区域 $PM_{2.5}$ 的浓度较高，兴庆区以东、西夏区沿山区域、永宁县及灵武市 $PM_{2.5}$ 的浓度较低的区位特征，其中，银川市东北部区域（金凤区以北贺兰县）在 2017—2019 年呈现出污染加重的现象，在 2020 年污染程度有所缓解后，2021 年 $PM_{2.5}$ 的浓度再次上升，为近年来银川市 $PM_{2.5}$ 的污染程度最重的区域，且污染程度呈加重的趋势，银川市的西夏区西南区域 $PM_{2.5}$ 的浓度呈逐步降低的趋势，银川市的西北及东南区域（永宁县及灵武市）$PM_{2.5}$ 的浓度呈上升的趋势。2021 年，由于 $PM_{2.5}$ 的浓度再次升高，银川市 $PM_{2.5}$ 的浓度呈现出以偏东区域整体较高的特征，银川市 $PM_{2.5}$ 的浓度高值区东北区域与银川市东南区域形成连片，说明银川市所辖县区的 $PM_{2.5}$ 的交互作用明显加强，偏东区域的 $PM_{2.5}$ 成为新的高值区域，应重点关注。

（2）银川市 O_3 空间分布格局

2017—2021 年银川市 O_3 的浓度空间格局呈两极化的特征，2017—2019 年，

银川市 O_3 的浓度呈现北部高（金凤区偏北、西夏区偏北及贺兰县）、南部低（永宁县、灵武市及兴庆区东南区域）的特征，2020—2021 年，银川市 O_3 的浓度逐步呈现北部、东部及东南部高（西夏区西北区域、金凤区北部、兴庆区北部及东南区域、永宁县、灵武市）的特征，银川市 O_3 的浓度高值区域由北部区域向南部区域转移，区域空间特征发生较大变化，且北部区域 O_3 的浓度高值区域与东南部区域永宁县和灵武市及兴庆区东南区域的 O_3 的高值区域已连成片状，区域污染特征更为显著，其中以灵武市 O_3 的浓度上升幅度最大，污染程度最重。

2.3.3　空间分布规律

为了更好地了解银川市近地面大气中 $PM_{2.5}$ 和 O_3 相互影响在不同季节表现出的特点，计算了银川市所有监测站点 $PM_{2.5}$ 日均值与 MDA8-O_3 的 Pearson 相关系数，以此量化 $PM_{2.5}$ 与 O_3 的相关性（图 2-11）。$PM_{2.5}$ 日均值和 MDA8-O_3 相关系数计算结果与 $PM_{2.5}$ 月均值和 MDA8-O_3 的月相关性基本相同。

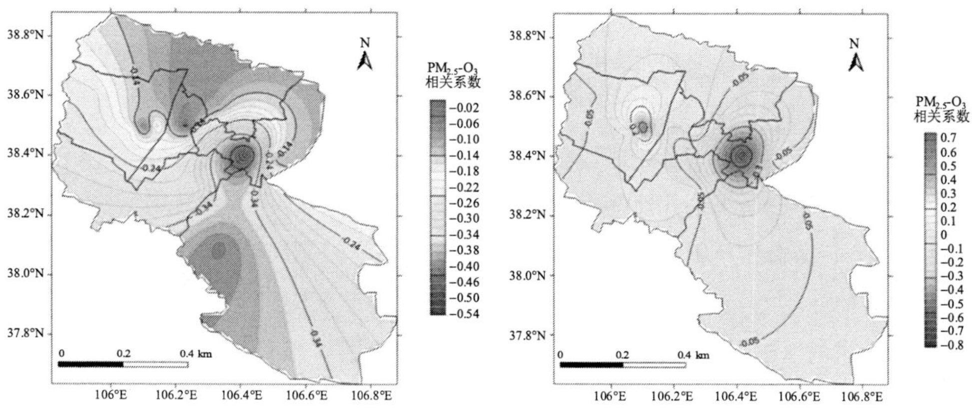

（a）春季　　（b）夏季

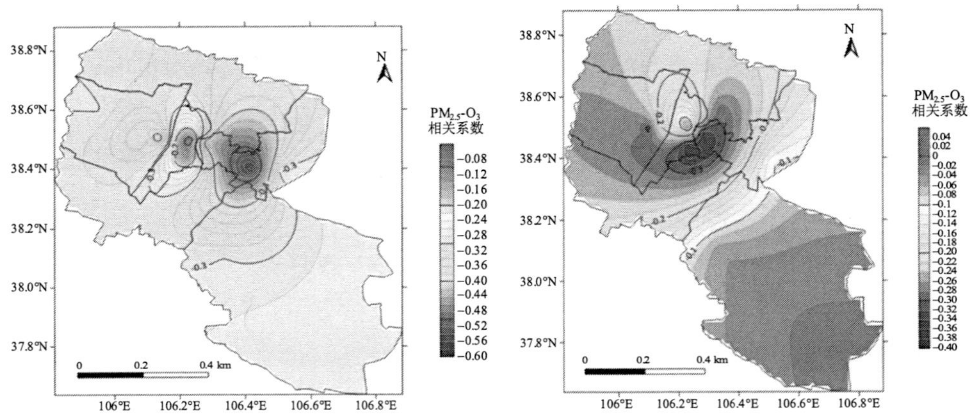

（c）秋季　　（d）冬季

图 2-11　2017—2021 年银川市 $PM_{2.5}$ 与 O_3 相关性分析空间分布

夏季，银川市市区北部及西夏区西南区域的 $PM_{2.5}$ 日均值与 MDA8-O_3 呈正相关性，其中以西南区域文昌北街站点相关性最高，相关系数为 0.743，通常，夏季气象条件和前体物的排放共同控制了 $PM_{2.5}$ 和 O_3 的生成。此外，夏季强烈的光化学反应活性导致 O_3 快速生成并累积，而高浓度的 O_3 和较强的大气氧化能力可以促进二次粒子的生成，这可能是导致夏季 $PM_{2.5}$ 日均值与 MDA8-O_3 表现出正相关的重要因素。银川市其他区域呈负相关性，其中以银川市的偏东区域（兴庆区偏东）相关性较高，站点最高的相关系数为 0.768。

春季、冬季及秋季银川市各监测站点 $PM_{2.5}$ 日均值与 MDA8-O_3 均呈高度的负相关性，其中春季和秋季相关性较高的区域均集中在银川市偏东区域，春季 $PM_{2.5}$ 日均值与 MDA8-O_3 的相关性高值监测站点为银川市兴庆区苏银产业园区，秋季 $PM_{2.5}$ 日均值与 MDA8-O_3 的相关性高值监测站点为银川市兴庆区苏银产业园区和灵武市，相关系数的最高值为 0.594。冬季 $PM_{2.5}$ 日均值与 MDA8-O_3 的相关性高值区域集中在银川市市区南部和东部区域，其中高值监测站点为金凤区的南部站点，相关系数为 0.355。除前体物排放和气象因素以外，冬季高浓度气溶胶产生的辐射效应及大气颗粒物表面对 NO_x、VOCs 等 O_3 前体物的非均相吸收均可减少 O_3 的生成，观测到 $PM_{2.5}$ 日均值与 MDA8-O_3 较强的负相关性表明银川市冬季 $PM_{2.5}$ 对 O_3 的生成具有一定影响。

在夏季和冬季分别是 O_3 和大气颗粒物污染占主导，并且发现两季 $PM_{2.5}$ 与 O_3 相关性存在明显的差别，表明了夏季和冬季大气颗粒物与 O_3 之间相互影响的主要途径可能存在较大的差异。

2.4　大气颗粒物和臭氧（O_3）复合污染特征

2.4.1　$PM_{2.5}$ 和 O_3 的复合污染特征

为进一步分析银川市大气 $PM_{2.5}$ 和 O_3 的复合污染特征，对 2021 年的监测结果深入分析，2021 年银川市 $PM_{2.5}$ 浓度均值为 33 μg/m³，超标天数为 14 d，主要超标月份为 2 月和 12 月，O_3 浓度为 152 μg/m³，超标天数为 23 d，主要超标月份为 5—9 月。本节将 O_3 浓度大于 100 μg/m³、$PM_{2.5}$ 浓度大于 35 μg/m³ 定义为 $PM_{2.5}$ 和 O_3 复合污染，统计 2021 年 1—12 月复合污染天数（图 2-12）。从图 2-12 中可以看出，2021 年复合污染主要发生在 2—6 月和 10 月，其中 2 月和 6 月复合污染天数最多，均为 4 d，3 月为 3 d，4 月和 5 月均为 2 d，10 月为 1 d。

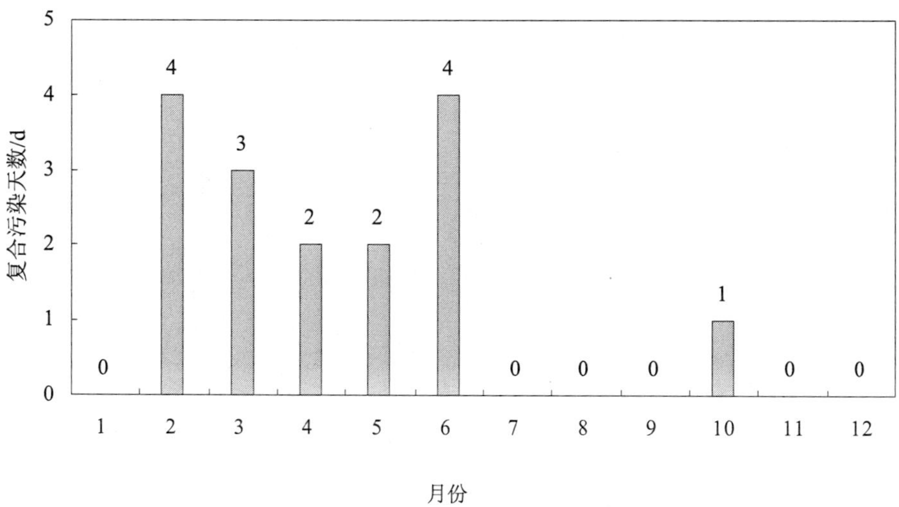

图 2-12　2021 年银川市 $PM_{2.5}$ 和 O_3 各月复合污染天数

2.4.2 $PM_{2.5}$和O_3的相关性

$PM_{2.5}$和O_3之间具有复杂的耦合关系，$PM_{2.5}$与O_3的相互作用主要体现在以下几方面：①NO_x和VOCs是二者生成的共同前体物；②气溶胶影响光化学辐射通量，从而影响光化学反应过程及O_3的生成；③气溶胶参与非均相化学反应过程，大量的气溶胶粒子表面提供了丰富的化学反应床，导致化学反应过程更加复杂化。有研究显示，$PM_{2.5}$在较低水平时，可增加O_3的生成，并受二次转化的影响；而$PM_{2.5}$在较高水平时，能减少O_3的生成，并受季节和地区因素的影响。

2021年银川市$PM_{2.5}$和O_3复合污染主要发生在2—6月，图2-13为银川市2021年2—6月$PM_{2.5}$和O_3-8h浓度相关性，其中2月为冬季、3—5月为春季，6月为夏季。可以看出，在O_3浓度大于100 μg/m³情况下，O_3和$PM_{2.5}$的相关性略高于O_3浓度低于100 μg/m³（几乎无相关性）情况，这主要是由于O_3浓度较高日的大气氧化性较强，而生成O_3和$PM_{2.5}$的驱动力都来自大气氧化，大气氧化性的增强会促进$PM_{2.5}$二次生成，也会使O_3浓度升高。此外，2月和3—5月的O_3和$PM_{2.5}$的相关性略高于6月。2021年$PM_{2.5}$和O_3-8h浓度同步相对高值主要发生在2—4月。

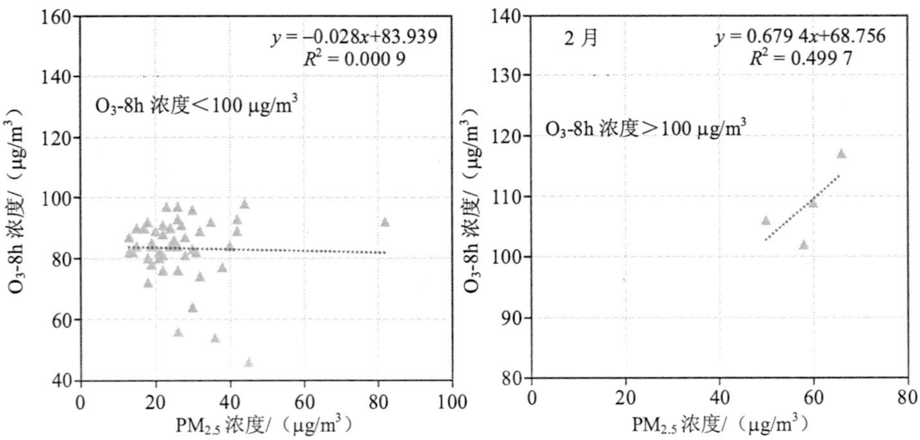

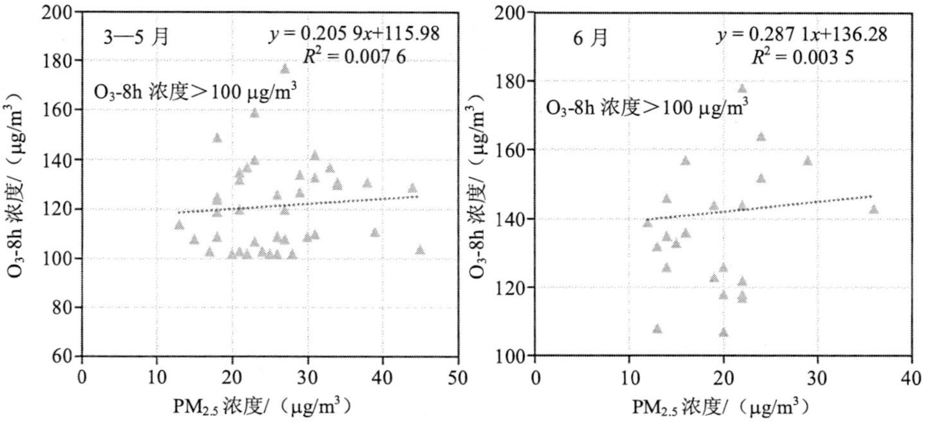

图 2-13　2021 年 2—6 月银川市 $PM_{2.5}$ 和 O_3-8h 浓度相关性

2.4.3　$PM_{2.5}$ 和 O_3 的空间分布特征

研究贺兰山（山前区）与城区、农村、工业园区等 4 种类型区域 $PM_{2.5}$ 和 O_3 的浓度月变化分布特征，如图 2-14 所示。由图 2-14 可以看出，因夏季扩散条件较好，各类型区域 $PM_{2.5}$ 浓度差异较小，但受局地排放影响，总体呈现工业园区、城区＞农村＞污染传输点＞贺兰山。具体分析其他季节的分布特征，工业园区点受局地企业排放影响，秋季和冬季 $PM_{2.5}$ 浓度均为 4 种类型区域中最高，尤以冬季更为突出，受企业排放影响，工业园区 NO_2 浓度同样较高，因此工业园区 O_3 浓度持续较低；城区人类活动频繁及机动车大量使用，$PM_{2.5}$ 排放源较多，其 $PM_{2.5}$ 浓度秋季、冬季均仅次于工业园区，受排放影响，城区 NO_2 浓度也较高，O_3 浓度持续较低；2021 年春季沙尘天气频繁，农村和污染传输点 $PM_{2.5}$ 浓度出现大幅升高，同时污染传输点 O_3 浓度也同步上升，外来污染物输送影响明显；贺兰山本地污染源较少，$PM_{2.5}$ 浓度明显低于其他类型区域，同时 NO_2 浓度也较低，对 O_3 的消耗较少，因此贺兰山 O_3 浓度较高。

综上所述，银川市不同类型区域受局地排放影响显著，城区、工业园区局地排放较重，$PM_{2.5}$ 和 NO_2 浓度较高，而 O_3 浓度较低，贺兰山排放较轻，$PM_{2.5}$ 和 NO_2 浓度较低，而 O_3 浓度较高，春季受沙尘天气和污染物传输影响，农村和污染传输点污染物浓度出现大幅上升。

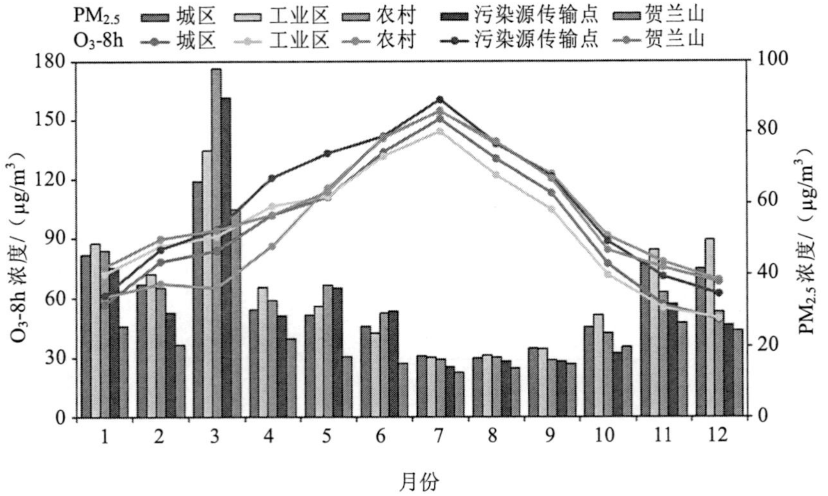

图 2-14　2021 年银川市不同类型区域 O_3 和 $PM_{2.5}$ 浓度月变化

对 2021 年各类型区域不同季节的 O_3 和 $PM_{2.5}$ 的日变化进行统计。由图 2-15 可以看出，春季夜间，不同类型区域差异明显，受局地排放源影响，不同类型区域 $PM_{2.5}$ 浓度大小与 O_3 呈负相关关系（因农村和污染传输点沙尘与传输较重，变化关系有所影响，春季仅分析工业园区、城区和贺兰山的变化关系），总体表现为夜间 $PM_{2.5}$ 浓度工业园区＞城区＞贺兰山，而 O_3 浓度贺兰山＞城区＞工业园区，日间受本地生成影响，差距有所减小；夏季夜间，不同类型区域 O_3 浓度的大小分布为贺兰山＞农村＞污染传输点＞城区＞工业园区，但由于夏季扩散条件较好，除贺兰山外，其他区域 $PM_{2.5}$ 浓度差异较小，日间本地生成强烈，O_3 浓度差异较春季进一步减小；秋季和冬季各类型区域 $PM_{2.5}$ 浓度始终为工业园区＞城区＞农村＞污染传输点＞贺兰山，秋季不同类型区域 $PM_{2.5}$ 浓度大小与 O_3 呈负相关关系，冬季由于光化学反应较弱，除贺兰山以外，其余类型区域 O_3 浓度无明显差别。

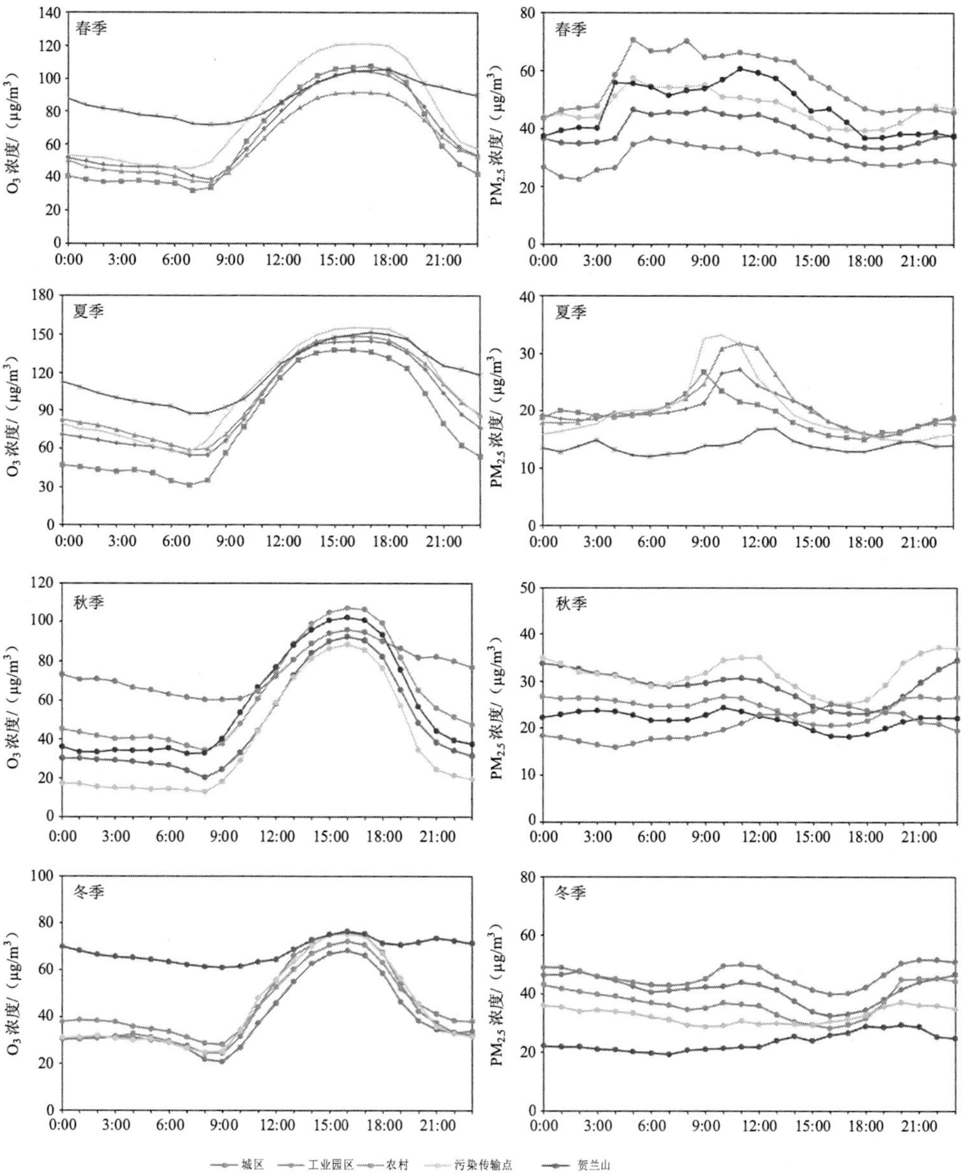

图 2-15　2021 年银川市不同类型区域 O_3 和 $PM_{2.5}$ 各季节变化

为进一步了解银川市不同季节 $PM_{2.5}$ 和 O_3 复合污染相关性的空间分布特征，绘制了银川市国控点和区控点不同季节 O_3 和 $PM_{2.5}$ 相关性的空间分布图。由

图 2-16 可以看出，春季 O_3 和 $PM_{2.5}$ 的相关性局地差异较大，银川市中南部（强家庙社区、滨河新区、永宁迎宾大道和灵武灵州大道）受沙尘和污染传输影响，呈负相关，中北部均呈正相关，其中文昌北街、贺兰山东路和上海东路无明显相关，贺兰银河北街、贺兰山马莲口、宁化生活区、学院路和水乡路呈较弱的正相关；夏季银川市 O_3 和 $PM_{2.5}$ 几乎无相关性，污染物传输和本地排放影响大于本地生成；秋季和冬季银川市受本地污染源排放影响，一次排放对本地 $PM_{2.5}$ 的贡献较高，因此秋季和冬季银川市各站点 $PM_{2.5}$ 和 O_3 均呈负相关。

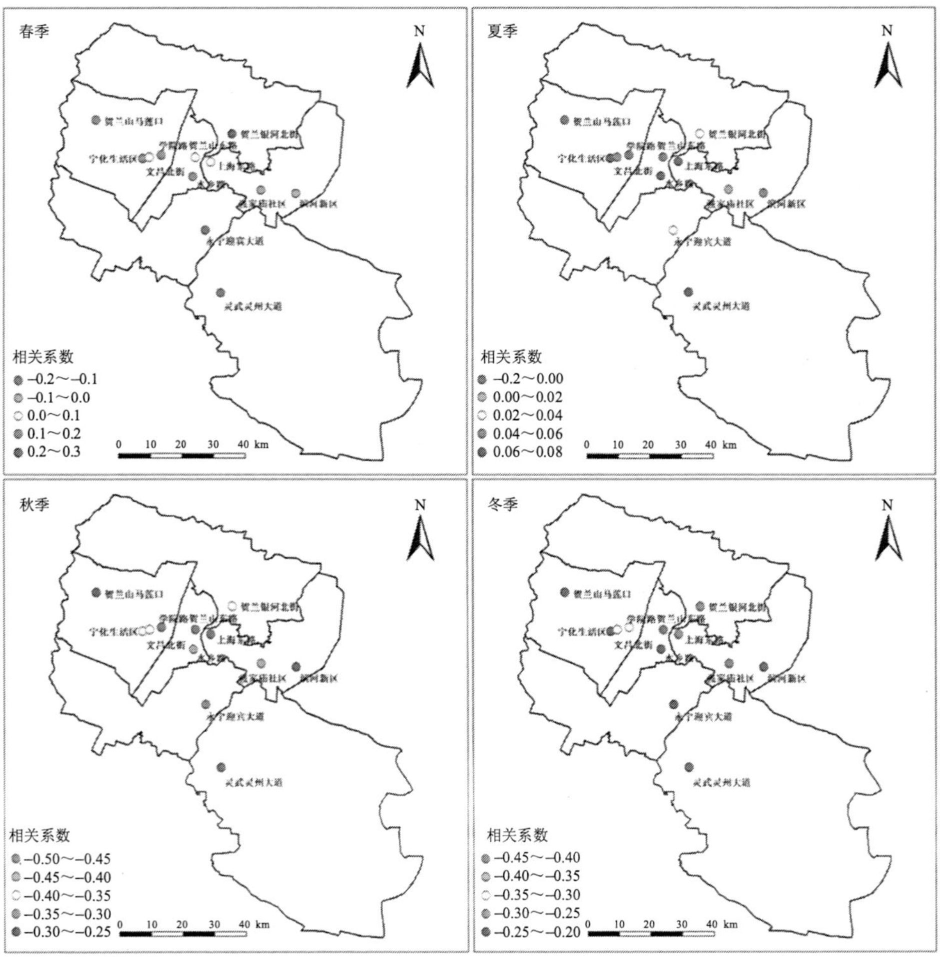

图 2-16 2021 年银川市不同季节各站点 O_3 和 $PM_{2.5}$ 相关性空间分布

此外，还统计了银川市及周边城市（乌海市、石嘴山市、阿拉善盟、吴忠市和鄂尔多斯市）2021 年不同城市各季节的 O_3 和 $PM_{2.5}$ 浓度，以求了解银川市及周边城市的 O_3 和 $PM_{2.5}$ 浓度空间分布特征。由图 2-17 可以看出，2021 年各城市 O_3 浓度接近，为 149～153 μg/m³，银川市 O_3 浓度为 152 μg/m³，银川市北部乌海市 O_3 浓度最高，为 153 μg/m³。从不同季节来看，春季各城市浓度接近，O_3 浓度为 130～138 μg/m³；夏季除银川西北部阿拉善盟浓度显著较低以外（166 μg/m³），其余各城市浓度接近（173～175 μg/m³）；秋季阿拉善盟 O_3 浓度最高，为 136 μg/m³，其余城市均低于 130 μg/m³；冬季阿拉善盟 O_3 浓度最高，为 97 μg/m³，银川市最低，为 84 μg/m³，其余城市为 89～91 μg/m³。

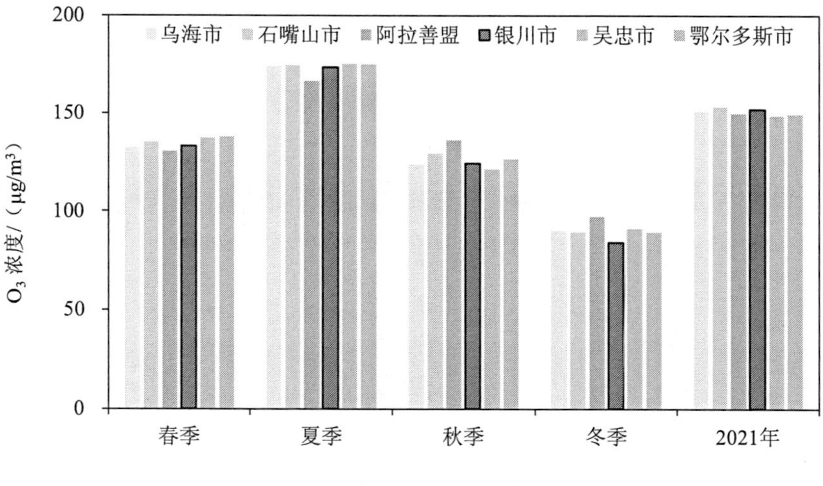

图 2-17　2021 年不同城市各季节 O_3 浓度

由图 2-18 可知，2021 年银川市北部的石嘴山市 $PM_{2.5}$ 浓度最高，为 42 μg/m³，其次为银川市南部的吴忠市，其余城市浓度均低于 35 μg/m³。从不同季节来看，春季银川市北部的石嘴山市和银川市南部的吴忠市 $PM_{2.5}$ 浓度均大于 60 μg/m³，分别为 61 μg/m³ 和 62 μg/m³；夏季银川市北部的石嘴山市（23 μg/m³）和银川市南部的吴忠市（24 μg/m³）浓度相对较高；秋季银川市北部的石嘴山市浓度最高，为 32 μg/m³；冬季各城市 $PM_{2.5}$ 浓度升高，其中石嘴山市浓度最高，达 53 μg/m³，其次为银川市和银川市南部的吴忠市（均为 40 μg/m³），乌海市浓度为 36 μg/m³，阿拉善盟和鄂尔多斯市浓度相对较低。

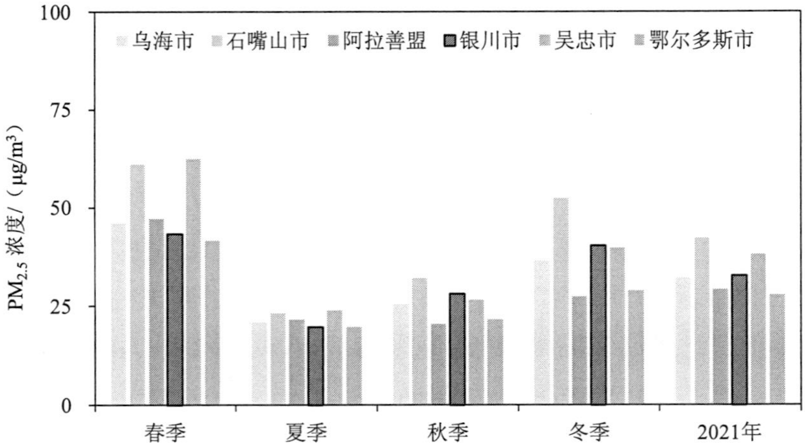

图 2-18 2021 年不同城市各季节 $PM_{2.5}$ 浓度

2.5 气象因素对大气颗粒物和臭氧的影响

2.5.1 气温

温度作为反映太阳紫外辐射强弱的关键指标，对 O_3 生成的影响较大，也存在显著的季节性差异。利用 2021 年银川市 O_3 和温度数据，统计不同季节温度和 O_3 浓度的日变化特征。由图 2-19 可以看出，夏季平均温度远高于春、秋两季，冬季温度最低，从 8:00 开始，夏季光化学反应更快，O_3 浓度日变化峰形更突出，2021 年春季峰值时刻为 17:00，其余季节均为 16:00。

针对平均气温、日最高气温和温差 3 种主要气温指标对银川市 2021 年臭氧污染特征与气温进行统计分析，从表 2-1 可以看出，2021 年，当平均气温大于 25℃时，O_3 超标率最高，为 38.6%，浓度为 157 μg/m^3；当平均气温在 20～25℃时，O_3 超标率为 8.3%，对应的 O_3-8h 浓度为 128 μg/m^3；当平均气温低于 20℃时未出现 O_3 超标现象。日最高气温对 O_3 的影响也较为显著，当日最高气温低于 25℃时，无 O_3 超标现象；当日最高气温在 25～30℃时，超标率为 2.1%；而当日最高气温在 30～35℃时，O_3 超标率明显增加，达到 28.6%。与 2020 年不同，日最高气温高于 35℃的天数虽然相对较少，为 8 d，但有 3 d O_3 污染，O_3 超标率为 37.5%。温差在 5～10℃时，O_3 超标率为 1.2%，浓度为 87 μg/m³；温差在 10～15℃时，O_3 超标率为 7.9%，浓度为 99 μg/m³；温差大于 15℃时，O_3 超标率为 8.7%，浓度为 107 μg/m³；温差在 5℃以下时无 O_3 超标情况。

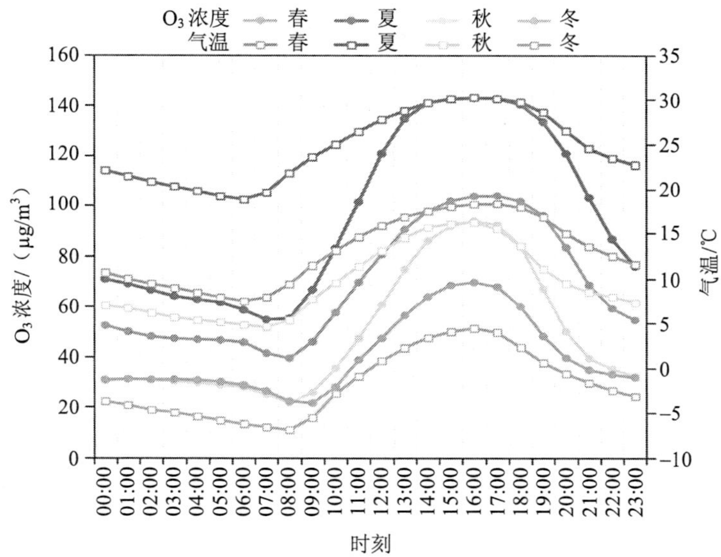

图 2-19　2021 年银川市不同季节 O_3 浓度和气温日变化

表 2-1　2021 年银川市不同气温指标区间 O_3 浓度与超标统计

指标		总天数/d	超标天数/d	超标率/%	O_3-8h 浓度/（μg/m³）
平均气温/℃	$T_{平均}\leqslant 15$	207	0	0.0	73
	$15<T_{平均}\leqslant 20$	44	0	0.0	109
	$20<T_{平均}\leqslant 25$	60	5	8.3	128
	$25<T_{平均}$	44	17	38.6	157
日最高气温/℃	$T_{max}\leqslant 25$	236	0	0.0	77
	$25<T_{max}\leqslant 30$	48	1	2.1	119
	$30<T_{max}\leqslant 35$	63	18	28.6	147
	$35<T_{max}$	8	3	37.5	165
温差/℃	$\Delta T\leqslant 5$	15	0	0.0	61
	$5<\Delta T\leqslant 10$	84	1	1.2	87
	$10<\Delta T\leqslant 15$	152	12	7.9	99
	$15<\Delta T$	104	9	8.7	107

排除降水的影响，对银川市 2021 年气温和 O_3-8h 采用 Pearson 相关系数法进行分析，由图 2-20 可知，2021 年平均气温和日最高气温均能指示臭氧超标现象，日温差的指示性显著低于其他两项指标，日平均气温和日最高气温的指示性接近，R 均为 0.86。

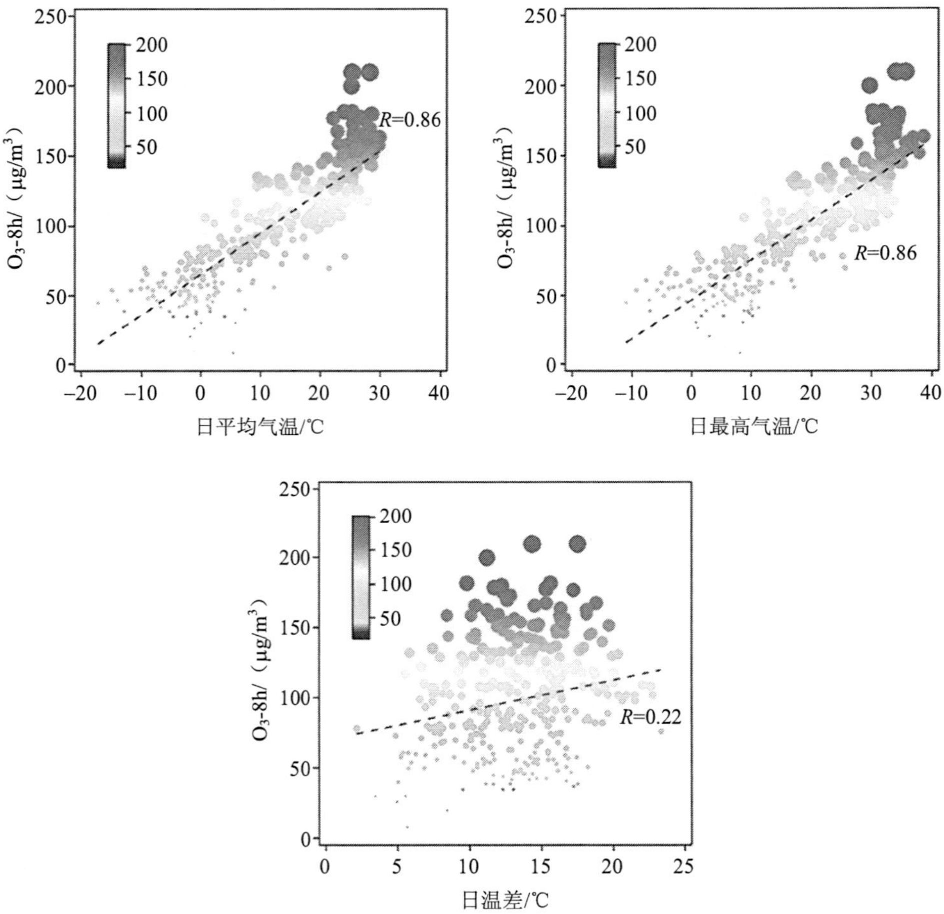

图 2-20　2021 年气温和 O_3-8h 相关性分析

2021 年银川市 $PM_{2.5}$ 浓度与气温的相关性为 0.21。通过对 $PM_{2.5}$ 污染天进行逐日气温分析发现，2 月 12 日小时气温为 –3.7～11.6℃，日平均气温为 3.3℃，12 月 9 日小时气温为 –5.7～7.1℃，日平均气温为 0.6℃，12 月 31 日小时气温为 –13.8～

0.3℃，日平均气温为 −6.7℃。通过对 $PM_{2.5}$ 小时超标进行气温分析发现，发生 $PM_{2.5}$ 小时超标气温为 −10.7～11.6℃。另外，通过对银川市 2021 年不同气温指标区间 $PM_{2.5}$ 浓度与超标统计（表 2-2），当气温为 −5～0℃时，$PM_{2.5}$ 超标率最高，为 3.8%，浓度为 99 μg/m³；当气温小于 −5℃或介于 0～5℃时，$PM_{2.5}$ 超标率次之，分别为 3.3%、2.4%，$PM_{2.5}$ 浓度分别为 90 μg/m³、113 μg/m³。由此得出，当近地面气温较高时，大气对流作用加剧，$PM_{2.5}$ 浓度较低；当大气出现逆温层时，$PM_{2.5}$ 不易扩散而导致浓度较高。

表 2-2 2021 年银川市不同气温指标区间 $PM_{2.5}$ 浓度与超标统计

指标		总小时数/h	超标小时数/h	超标率/%	$PM_{2.5}$ 浓度 /（μg/m³）
气温/℃	$T \leqslant -5$	792	26	3.3	90
	$-5 < T \leqslant 0$	977	37	3.8	99
	$0 < T \leqslant 5$	1 011	24	2.4	113
	$5 < T \leqslant 10$	1 149	11	1.0	93
	$10 < T \leqslant 15$	1 084	2	0.2	97
	$T > 15$	3 474	—	0.0	22

2.5.2 相对湿度

相对湿度作为评价大气中水汽含量的指标，是指绝对湿度与饱和湿度之间的比值，其值表明水蒸气的饱和度，高相对湿度表示空气中水汽含量较高。利用 2021 年银川市臭氧和相对湿度数据，统计不同季节相对湿度与 O_3 浓度的日变化特征（图 2-21）。不同季节的日变化趋势一致性很高，其中春季和冬季湿度接近，夏季和秋季相对较高。

针对日最低湿度和日平均湿度两种主要湿度指标对 2021 年银川市 O_3 污染特征与湿度进行关联统计分析（图 2-22）。2021 年日平均湿度在 40%～50%时，O_3 浓度最高，为 110 μg/m³，同时 O_3 超标率也最高，为 14.1%。当日平均湿度处于 70%～100%时，O_3 浓度最低，仅有 71 μg/m³。当日最低湿度在 30%～40%时，O_3 浓度最高，日最低湿度在 20%～30%时，超标率为 13.7%，日最低湿度大于 50%后，无 O_3 超标。

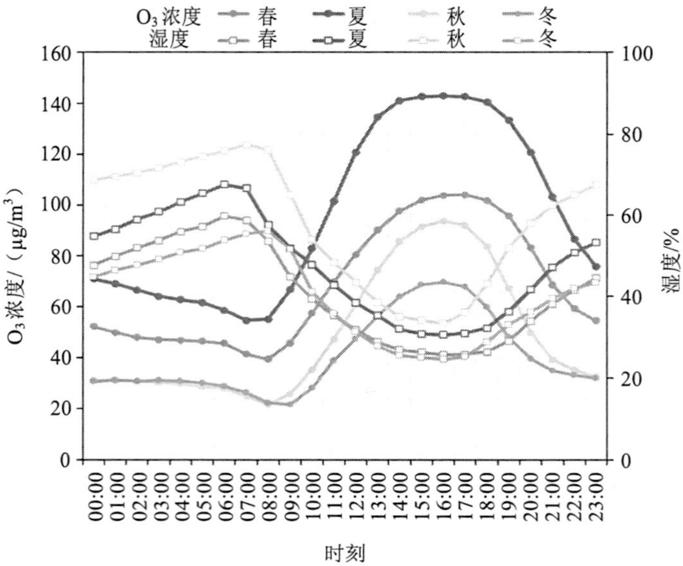

图 2-21　2021 年不同季节相对湿度与 O_3 浓度日变化

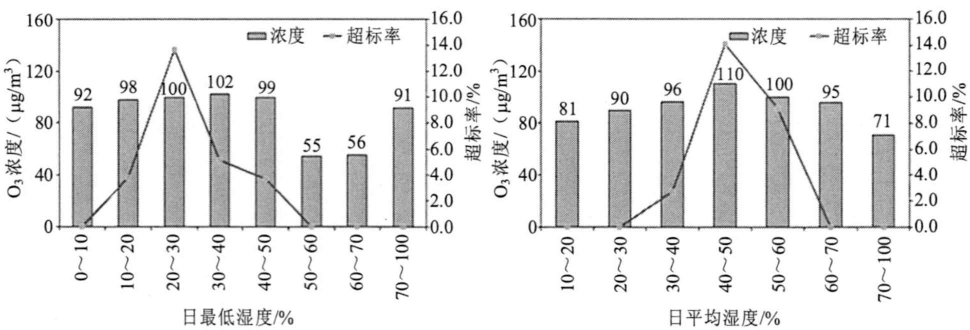

图 2-22　2021 年不同湿度区间下 O_3 浓度特征

采用 Pearson 相关系数法对银川市 2021 年 O_3-8h 与相对湿度相关性分析（图 2-23），2021 年 O_3-8h 浓度与相对湿度相关性均较差。

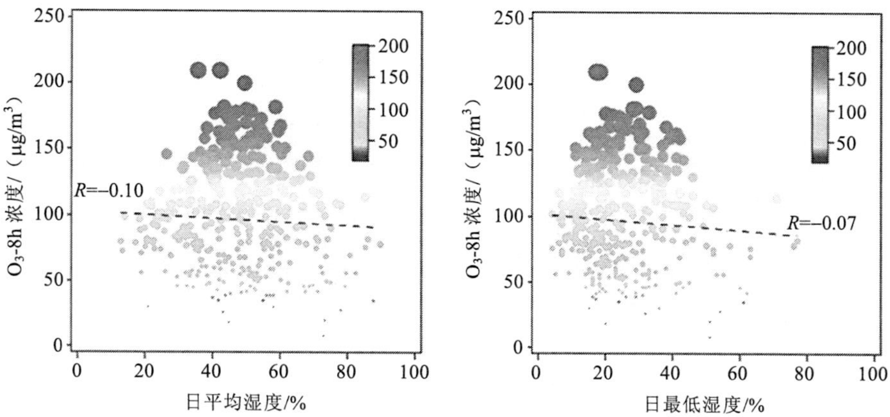

图 2-23 2021 年 O_3-8h 浓度与相对湿度相关性分析

相对湿度与 $PM_{2.5}$ 浓度之间相关性 R 为 0.04。通过对 $PM_{2.5}$ 污染天进行逐日相对湿度分析发现，2 月 12 日小时相对湿度为 12%～50%，日平均相对湿度为 33%；12 月 9 日小时相对湿度为 33%～93%，日平均相对湿度为 69%；12 月 31 日小时相对湿度为 25%～73%，日平均相对湿度为 50%。另外，通过对 $PM_{2.5}$ 小时超标进行相对湿度分析发现，发生 $PM_{2.5}$ 小时超标的相对湿度为 18%～95%。通过对银川市 2021 年不同相对湿度指标区间 $PM_{2.5}$ 浓度与超标统计（表 2-3），当相对湿度范围大于 80%时，$PM_{2.5}$ 超标率最高，为 2.6%，$PM_{2.5}$ 浓度为 91 μg/m^3；当相对湿度分别为 40%～50%、50%～60%时，$PM_{2.5}$ 超标率均为 1.8%，$PM_{2.5}$ 浓度分别为 107 μg/m^3、87 μg/m^3。由此得出，相对湿度超过一定范围之后可以发生明显的吸湿潮解过程，造成 $PM_{2.5}$ 的吸湿增长，从而造成 $PM_{2.5}$ 污染。

表 2-3 2021 年银川市不同相对湿度指标区间 $PM_{2.5}$ 浓度与超标统计

指标		总小时数/h	超标小时数/h	超标率/%	$PM_{2.5}$ 浓度/（μg/m^3）
相对湿度/%	0～20	1 045	3	0.3	289
	20～30	1 285	6	0.5	92
	30～40	1 374	15	1.1	88
	40～50	1 355	25	1.8	107
	50～60	1 068	19	1.8	87
	60～70	905	9	1.0	86
	70～80	683	5	0.7	88
	80～100	768	20	2.6	91

2.5.3 风速风向

风场对 O_3的输送具有重要的影响，不同的风向决定了 O_3输送的不同来向和 O_3浓度的分布规律，而风速大小则能反映 O_3的输送效率或 O_3的清除效率。考虑到 O_3污染昼夜特征不同，将风速风向分析分为两个时段，分别为日间（8:00—20:00）和夜间（21:00—次日7:00），针对上述不同时段的不同风速风向区间对应的2021年银川市 O_3浓度及超标率进行统计。

（1）日间（8:00—20:00）

2021 年，日间当风速低于 2 m/s 时，O_3 浓度最低，随着风速区间的增加，O_3 浓度较稳定。日间风速为 6～8 m/s 时，O_3 浓度最高。从风频率和超标率来看，日间风速主要为 0～6 m/s，且随着风速增加，O_3 超标率减少。2021 年，当风向为 45°～90°时，O_3 浓度较高，为 87 μg/m^3。从超标率来看，当风向为 45°～90°时，银川市日间 O_3 更容易超标，超标率高于其他风向（图 2-24、表 2-4）。

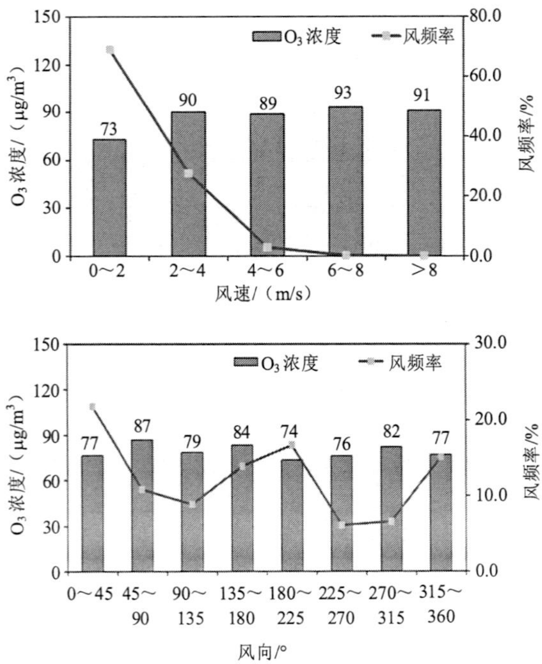

图 2-24　2021 年日间不同风速、风向区间下 O_3 的浓度特征

表 2-4　不同风速区间下 O_3 超标率

风速/（m/s）	超标率/%
0～2	4.3
2～4	4.1
4～6	0.0
6～8	0.0
＞8	0.0

（2）夜间（21:00—次日 7:00）

2021 年银川市夜间风速区间分布较广，但风速主要集中在 0～6 m/s，随着风速的增大，O_3 浓度呈增加趋势，2021 年夜间并无 O_3 超标出现，且夜间银川市各风向下 O_3 浓度接近（图 2-25）。综合风速风向和 O_3 浓度信息，可以看出，2021 年 O_3 小时浓度高值主要聚集在风速 4 m/s 以内的四周。

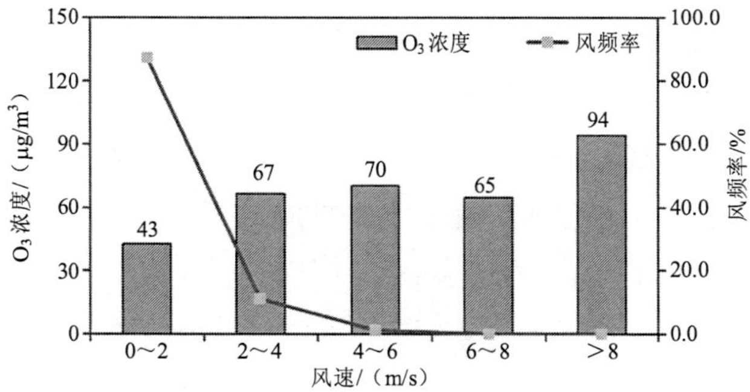

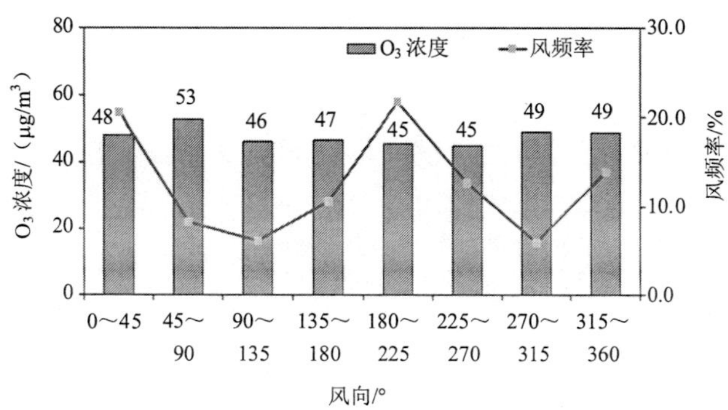

图 2-25　2021 年夜间不同风速、风向区间下 O_3 的浓度特征

通过对 2021 年银川市 $PM_{2.5}$ 污染的时段进行统计分析发现（表 2-5），风速在 0～2 m/s 或 2～4 m/s 时，$PM_{2.5}$ 超标率均为 0.7%，$PM_{2.5}$ 浓度分别为 137 μg/m^3、151 μg/m^3。当风速大于 4 m/s 时，未产生以 $PM_{2.5}$ 为首要污染物的污染时段。

表 2-5　2021 年银川市不同风速指标区间 $PM_{2.5}$ 浓度与超标统计

风速/（m/s）	总小时数/h	超标小时数/h	$PM_{2.5}$ 超标率/%	$PM_{2.5}$ 浓度/（μg/m^3）
0～2	2 138	15	0.7	137
2～4	1 704	12	0.7	151
＞4	179	0	0.0	140

2.6　本章小结

（1）2016—2021 年银川市 $PM_{2.5}$ 年评价值呈逐年下降趋势，银川市 MDA8-O_3 整体呈上升趋势，$PM_{2.5}$ 浓度高值主要集中在 1 月、2 月、11 月、12 月，其中，2020 年在 1 月、11 月、12 月有明显的抬升现象，说明银川市 $PM_{2.5}$ 在 2020 年冬季有污染加重趋势。MDA8-O_3 浓度高值主要集中在 5 月、6 月、7 月、8 月。2021 年较 2016 年 MDA8-O_3 浓度超标月份由 6 月、7 月增加至 6 月、7 月、8 月，MDA8-O_3 浓度由 2016 年的 162 μg/m^3（6 月、7 月）上升至 2021 年的 173 μg/m^3（7 月、8 月），说明银川市 O_3 污染呈现污染时间延长、污染程度加重的特征。

（2）从时间的相关性来看，2016—2021 年 $PM_{2.5}$ 和 O_3 呈明显的负相关，O_3 浓度随着 $PM_{2.5}$ 的增加而减少，相关系数分别为 0.702、0.795、0.847、0.830、0.796、0.721。从 $PM_{2.5}$ 和 O_3 浓度月度相关性分析可以看出，$PM_{2.5}$ 的 24 h 均值与 MDA8-O_3、$PM_{2.5}$ 和 O_3 日间均值与夜间均值均呈负相关，相关系数分别为 0.88、0.84 和 0.74，日间的相关性要高于夜间。2 月、4 月呈显著的正相关关系，其他月份呈负相关。从 2021 年分析来看，$PM_{2.5}$ 和 O_3 的复合污染主要集中在 2—6 月和 10 月，春季银川市中北部呈正相关。

（3）从空间分布特征来看，随着年际的变化 $PM_{2.5}$ 与 O_3 的空间分布特征呈现出高值区域逐步向南移动的特征，在 2020—2021 年银川市东南区域的灵武市和永宁县均呈现出 $PM_{2.5}$ 与 O_3 的较高浓度的复合污染特征，具有明显的区域一致性。

（4）从地面气象要素（主要包括气温、相对湿度、风速风向）对 $PM_{2.5}$ 与 O_3 浓度的影响可以看出，气温指标中对 O_3 浓度影响较大的是日平均气温和日最高气温，当日最高气温大于 35℃时超标率为 37.5%，气温对 $PM_{2.5}$ 影响较大的是日最低气温，$PM_{2.5}$ 小时超标的气温为 –10.7～11.6℃；随着湿度区间的增大，O_3 浓度先升高后降低，当相对湿度范围大于 80%时，$PM_{2.5}$ 呈现超标率最高；日间时段，风速低于 2 m/s 时，O_3 浓度最低，$PM_{2.5}$ 超标率为 0.7%，随着风速区间的增加，O_3 浓度较稳定，而 $PM_{2.5}$ 未出现超标现象，但夜间 O_3 浓度最高值下的风速较大，考虑可能与 O_3 污染传输有关。

第3章

银川市大气氧化性及其对颗粒物的影响

SO_4^{2-}的气-粒转化过程可用 SO_2 向 SO_4^{2-}转化的硫氧化率（SOR）作为指标，NO_3^-的气-粒转化过程可用 NO_2 向 NO_3^-转化的氮氧化率（NOR）作为指标。研究认为，SOR、NOR 大于 0.1 表明大气中有光化学氧化过程发生；SOR、NOR 小于 0.1 表明大气中以一次污染物为主。SOR、NOR 值越大，大气中发生光化学氧化过程的概率越大，大气中存在更多的二次粒子。同时，大气氧化剂 O_x（O_x=O_3+NO_2）通常用于表示大气的氧化能力，大气氧化剂 O_x 浓度越高，大气氧化性越强。

3.1 大气氧化剂 O_x 浓度变化特征

3.1.1 浓度变化特征

2021 年银川市 O_x 浓度为 1 821 μg/m³，同比下降 0.5%。银川市站点 O_x 浓度年均值变化为 168～189 μg/m³（表 3-1），其中贺兰山马莲口（对照点）年均值最小，学院路、文昌北街站点 O_x 浓度居高位，分别为 189 μg/m³、188 μg/m³。2021 年大气氧化剂 O_x 浓度总体呈“夏高冬低”的分布特征，其中春季和夏季受臭氧浓度大幅上升影响，O_x 浓度持续位于较高水平，秋季和冬季 NO_2 浓度上升明显，但由于 O_3 浓度较低，O_x 浓度明显低于春季和夏季（图 3-1）。

表 3-1　2021 年银川市站点 NO_2、MDA8-O_3 和 O_x 浓度　单位：μg/m³

站点名称	NO_2 平均浓度	MDA8-O_3	O_x 浓度
贺兰山马莲口（对照点）	12	156	168
贺兰山东路	33	150	183
学院路	35	154	189
上海东路	33	150	183
水乡路	33	143	176
文昌北街	32	156	188
滨河新区	17	160	177
永宁迎宾大道	22	152	174
贺兰银河北街	30	148	178
灵武灵州大道	21	158	179

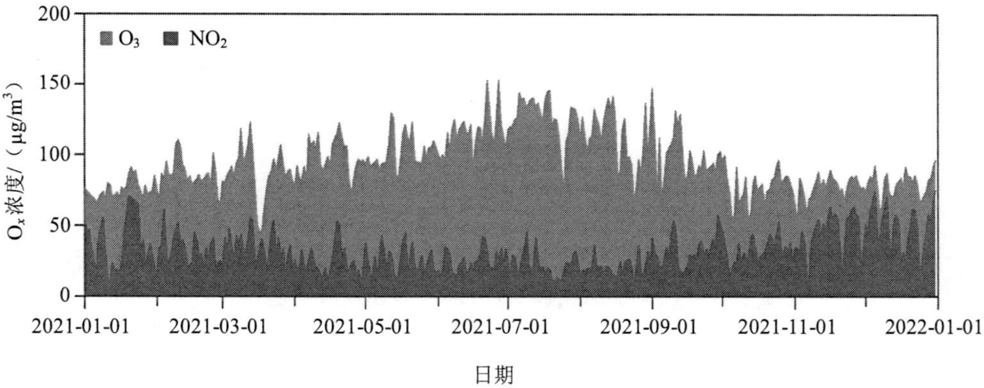

图 3-1　2021 年银川市大气氧化剂 O_x 浓度时间序列

2021 银川市年 O_3、NO_2 和 O_x 浓度的季节变化趋势相一致，O_3 浓度均表现为“春夏高秋冬低”，NO_2 浓度均表现为“春夏低秋冬高”，银川市大气氧化剂浓度受 O_3 主导，O_x 浓度的季节变化与 O_3 浓度相同，表现为春季至冬季呈先上升后下降的趋势，其中夏季 O_x 浓度全年最高。O_x 浓度月度变化规律表现为 7 月＞8 月＞6 月＞9 月＞5 月＞4 月＞3 月＞10 月＞2 月＞11 月＞1 月、12 月，浓度分别为 195 μg/m³、192 μg/m³、189 μg/m³、166 μg/m³、163 μg/m³、155 μg/m³、141 μg/m³、136 μg/m³、135 μg/m³、117 μg/m³、111 μg/m³、111 μg/m³。夏季 6—8 月 O_x 浓度较高，大气氧化能力较强。夏季 O_3/O_x 的比值显著高于其他季节，表明夏季大气氧化能力高主要受到 O_3 浓度的影响，O_3 浓度可以显著提升夏季 O_x 浓度；而冬季大气氧化能力显著降低，NO_2/O_x 的比值相对其他季节较高，表明冬季 NO_2 浓度影响 O_x 浓度较大，冬季大气氧化能力主要受到 NO_2 浓度影响（表 3-2、表 3-3、图 3-2）。

表 3-2 2021 年银川市月度 NO_2、O_3、O_x 浓度及 NO_2 和 O_3 与 O_x 的比值

月份	NO_2 浓度/（μg/m^3）	O_3 浓度/（μg/m^3）	O_x 浓度/（μg/m^3）	O_3/O_x	NO_2/O_x
1	37	74	111	0.67	0.33
2	32	103	135	0.76	0.24
3	34	107	141	0.76	0.24
4	22	133	155	0.86	0.14
5	23	140	163	0.86	0.14
6	24	165	189	0.87	0.13
7	22	173	195	0.89	0.11
8	19	173	192	0.90	0.10
9	29	137	166	0.83	0.17
10	32	104	136	0.76	0.24
11	43	74	117	0.63	0.37
12	48	63	111	0.57	0.43

表 3-3 2021 年银川市四季 NO_2、O_3、O_x 浓度及 NO_2 和 O_3 与 O_x 的比值

季节	NO_2 浓度/（μg/m^3）	O_3 浓度/（μg/m^3）	O_x 浓度/（μg/m^3）	O_3/O_x	NO_2/O_x
春季	26	133	159	0.84	0.16
夏季	22	173	195	0.89	0.11
秋季	35	124	159	0.78	0.22
冬季	41.5	86.4	127.9	0.68	0.32

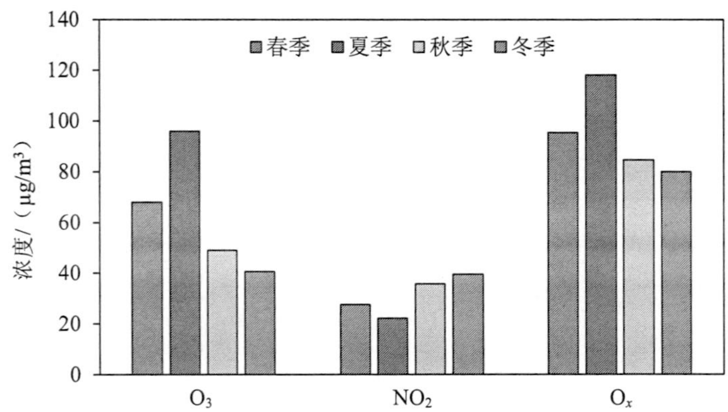

图 3-2 2021 年 O_3、NO_2 和 O_x 浓度的季节变化

从 2021 年不同季节大气氧化剂 O_x 浓度的日变化情况来看（图 3-3），O_x 浓度的日变化曲线均呈“单峰形”特征，其中夏季 O_x 的日变化幅度明显大于其他季节，同时峰值出现时间随季节变化有所不同。具体来说，春季和夏季峰值出现时间与 O_3 浓度峰值时间一致，均为 15:00—16:00，而秋季和冬季受 O_3 和 NO_2 浓度共同影响，O_x 浓度峰值出现时间较 O_3 浓度峰值滞后 1～2 h，出现在 16:00—17:00。从昼夜变化来看，0:00—8:00 NO_2 浓度变化较小，而 O_3 浓度持续降低，O_x 浓度呈下降趋势；自 9:00 起，随着光化学反应发生，O_3 浓度迅速升高，同时 NO_2 浓度迅速降低，但 O_3 浓度增幅远大于 NO_2 浓度降幅，9:00—16:00 O_x 浓度快速上升，至 16:00 前后达到峰值；17:00 后随着 O_3 浓度开始降低，O_x 浓度同步下降，但在 NO_2 浓度升高影响下，O_x 浓度降幅明显小于臭氧。

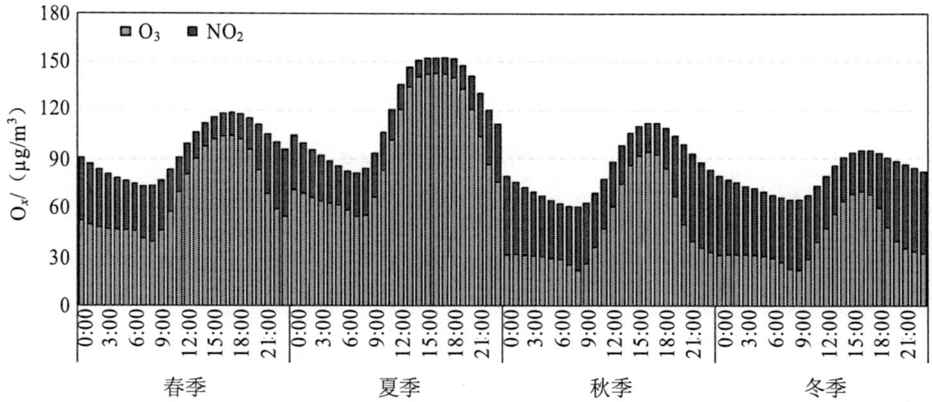

图 3-3　2021 年不同季节大气氧化剂 O_x 浓度的日变化情况

3.1.2　浓度分布特征

2021 年，以 O_3 为首要污染物的污染过程多发生在夏季及其前后，主要分布在 5—9 月，共发生 23 d 轻度污染天，O_3 峰值一般多出现在高温低湿的条件；以 $PM_{2.5}$ 为首要污染物的污染天多发生在冬季及其前后，主要分布在 2—3 月和 12 月，共发生 4 d 污染天（3 d 轻度污染天、1 d 严重污染天），其中 1 d 严重污染天首要污染物为 PM_{10} 和 $PM_{2.5}$，$PM_{2.5}$ 在高湿静稳的气象条件下易累积与爆发，峰值常出现在相对低温高湿的条件，在发生 $PM_{2.5}$ 污染时，O_3 浓度均较低，但 $PM_{2.5}$ 污染持续时间较长。银川市大气氧化剂 O_x 浓度在四季呈“先升后降”趋势，其中在夏季 O_x 浓度最大，为 195 μg/m³，但 $PM_{2.5}$ 浓度则呈“先降后升”趋势，在夏季 $PM_{2.5}$ 浓度最小，为 20 μg/m³，这与张子睿等研究提出 O_3 与 $PM_{2.5}$ 浓度在时间序列上呈现一定的峰谷交替现象相一致。

进一步分析四季 $PM_{2.5}$ 与大气氧化剂 O_x 质量浓度分布特征，春季、夏季、秋季 $PM_{2.5}$ 与大气氧化剂 O_x 均呈负相关关系，$PM_{2.5}$ 浓度随着 O_x 浓度的增大而减小，尤其在秋季 $PM_{2.5}$ 与 O_x 的斜率为 –0.41。$PM_{2.5}$ 与 O_x 在春季呈现出较好的相关性，相关系数为 0.35，冬季相关系数最低，为 0.14。进一步说明银川市作为我国西北部城市，O_3 和 $PM_{2.5}$ 在每个季节基本呈负相关关系或较低的正相关关系，这与沙尘气溶胶光学厚度水平的地理分布和沙尘排放高度一致，造成这一现象的原因可能是受沙尘的影响。

银川市站点年度 O_x 浓度与 $PM_{2.5}$ 浓度整体变化趋势一致（表 3-4），其中贺兰山马莲口（对照点）O_x 浓度与 $PM_{2.5}$ 浓度年均值最小，学院路、文昌北街站点 O_x 浓度与 $PM_{2.5}$ 浓度均居高位，这是由于贺兰山马莲口（对照点）位于贺兰山马莲口管理站，周边无企业及其他污染源，而西夏区重点涉气企业较多，同时受散煤源及移动源的影响。

表 3-4　2021 年银川市站点 O_x 和 $PM_{2.5}$ 年均浓度　　单位：μg/m³

站点名称	O_x	$PM_{2.5}$
贺兰山马莲口（对照点）	168	23
贺兰山东路	183	35
学院路	189	31
上海东路	183	31
水乡路	176	30
文昌北街	188	38
滨河新区	177	31
永宁迎宾大道	174	36
贺兰银河北街	178	40
灵武灵州大道	179	34

3.1.3　污染天日变化分析

2021 年以臭氧为首要污染物的污染天，$PM_{2.5}$ 小时浓度变化较为平缓，无明显特征，浓度为 15～21 μg/m^3。O_x 小时浓度日间高于夜间，日变化呈“单峰形”特征。夜间至次日凌晨（22:00 至次日 8:00）银川昼夜温差大，夜间温度低，光照弱，O_x 小时浓度较低，银川市 O_x 小时浓度维持在 83～141 μg/m^3；日间银川市 O_x 小时浓度维持在 99～194 μg/m^3。上午 9:00 起，太阳光辐射逐步加强，O_x 小时浓度开始缓慢上升，午后 14:00—18:00 达到峰值，银川市 2021 年 O_x 小时浓度 14:00—18:00 分别为 191 μg/m^3、194 μg/m^3、193 μg/m^3、192 μg/m^3、191 μg/m^3。

2021 年以 $PM_{2.5}$ 为首要污染物的污染天，$PM_{2.5}$ 小时浓度整体呈“S”形分布，而 O_x 小时变化呈“单峰形”特征，虽然冬季 O_3 小时浓度较低，但是 NO_2 浓度较高，整体抬升了 O_x 小时浓度，分析主要受本地污染排放（燃煤源、早高峰移动源排放）以及静稳、高湿气象条件下二次污染物生成的综合影响，其中部分站点受周边燃煤源排放影响较大。

3.2　大气光化学反应程度对大气二次粒子的生成影响

为了探究大气氧化性和光化学反应活跃程度对二次粒子生成的影响，为区分不同程度的光化学反应活跃程度对二次粒子生成的影响，根据银川市具体日照情况及臭氧浓度的分布状况，将其分为以下 4 类间隔表示不同的光化学反应活跃程度。

（1）R0 轻光化学水平：MDA8-O_3≤100 μg/m^3；

（2）R1 低光化学水平：100 μg/m^3＜MDA8-O_3≤130 μg/m^3；

（3）R2 中光化学水平：130 μg/m^3＜MDA8-O_3≤160 μg/m^3；

（4）R3 高光化学水平：160 μg/m^3＜MDA8-O_3。

当 MDA8-O_3≤100 μg/m^3 时，CO 分别与 $PM_{2.5}$ 和 PM_{10} 之间存在一定的线性关系，相关系数分别为 0.52 和 0.18。当 100 μg/m^3＜MDA8-O_3≤130 μg/m^3 时，CO 与 $PM_{2.5}$ 和 PM_{10} 之间的相关系数分别为 0.12 和 0.02；当 130 μg/m^3＜MDA8-O_3≤160 μg/m^3 时，CO 与 $PM_{2.5}$ 和 PM_{10} 之间的相关系数均为 0.1；当 MDA8-O_3＞

160 μg/m³ 时，CO 与 $PM_{2.5}$ 和 PM_{10} 之间的相关系数分别为 0.02 和 0.01。这表明当 MDA8-O_3<160 μg/m³ 时，光化学反应活跃程度较低，所观测到的颗粒物浓度主要由一次排放的颗粒物贡献，二次生成的颗粒物较少，因此导致 CO 与 $PM_{2.5}$ 之间具有一定的相关性。而由于银川市地理条件因素，PM_{10} 的浓度受沙尘扬尘及其他颗粒物源影响较大，导致 CO 与 PM_{10} 之间的关系特征不明显。MDA8-O_3 浓度的增加表明光化学反应活跃程度的增强，研判随着光化学反应的增强，活跃的光化学反应促进了二次粒子的生成，导致 CO 与 $PM_{2.5}$ 之间的相关性变差。此外，当 MDA8-O_3≤120 μg/m³ 时，回归线的截距较低表明 CO 和 $PM_{2.5}$ 具有一定的同源性，其他来源相对较少，并且随着光化学反应活跃程度的增强，回归线截距增加。

综上所述，由于当光化学反应活跃程度较低时，CO 与 $PM_{2.5}$ 表现出较好的相关性，因此评估光化学反应活跃程度对二次粒子生成的影响时，选择 $PM_{2.5}$/CO 的比例作为示踪剂在本研究中评估二次粒子的生成量。

对 2021 年不同光化学水平下一次 $PM_{2.5}$ 和二次 $PM_{2.5}$ 的日变化特征进行分析（图 3-4），由图 3-4 可以看出，在不同光化学水平下的 $PM_{2.5}$ 日变化总体上均呈现出“双峰”分布的特征，峰值出现时间为 23:00 至次日 0:00 和 8:00—10:00，第一个峰值出现在夜间，与颗粒物本地生成有关，第二个峰值出现时间与早高峰相一致，可能受城市早高峰污染物排放影响。不同光化学水平下的一次 $PM_{2.5}$ 日变化均表现为“日间低夜间高”，低光化学水平、中光化学水平和高光化学水平下一次 $PM_{2.5}$ 浓度的日变化分别为 11.04～18.60 μg/m³、10.04～16.59 μg/m³ 和 10.78～17.65 μg/m³，差异较小，说明银川市在不同光化学水平下的排放源结构基本保持稳定。二次 $PM_{2.5}$ 在低光化学水平、中光化学水平和高光化学水平下浓度分别为 6.17～12.74 μg/m³、2.94～8.21 μg/m³ 和 1.40～5.42 μg/m³，随着光化学水平的升高，二次 $PM_{2.5}$ 浓度降幅明显。从不同光化学水平下一次 $PM_{2.5}$ 和二次 $PM_{2.5}$ 贡献占比日变化来看，低光化学水平下一次 $PM_{2.5}$ 的贡献率为 53%～72%，二次 $PM_{2.5}$ 的贡献率为 28%～47%，中光化学水平下一次 $PM_{2.5}$ 的贡献率为 60%～83%，二次 $PM_{2.5}$ 的贡献率为 17%～40%，高光化学水平下一次 $PM_{2.5}$ 的贡献率为 69%～92%，二次 $PM_{2.5}$ 的贡献率为 8%～31%，随光化学水平的升高，同时间点二次 $PM_{2.5}$ 贡献率不断下降，一次 $PM_{2.5}$ 贡献率不断上升。

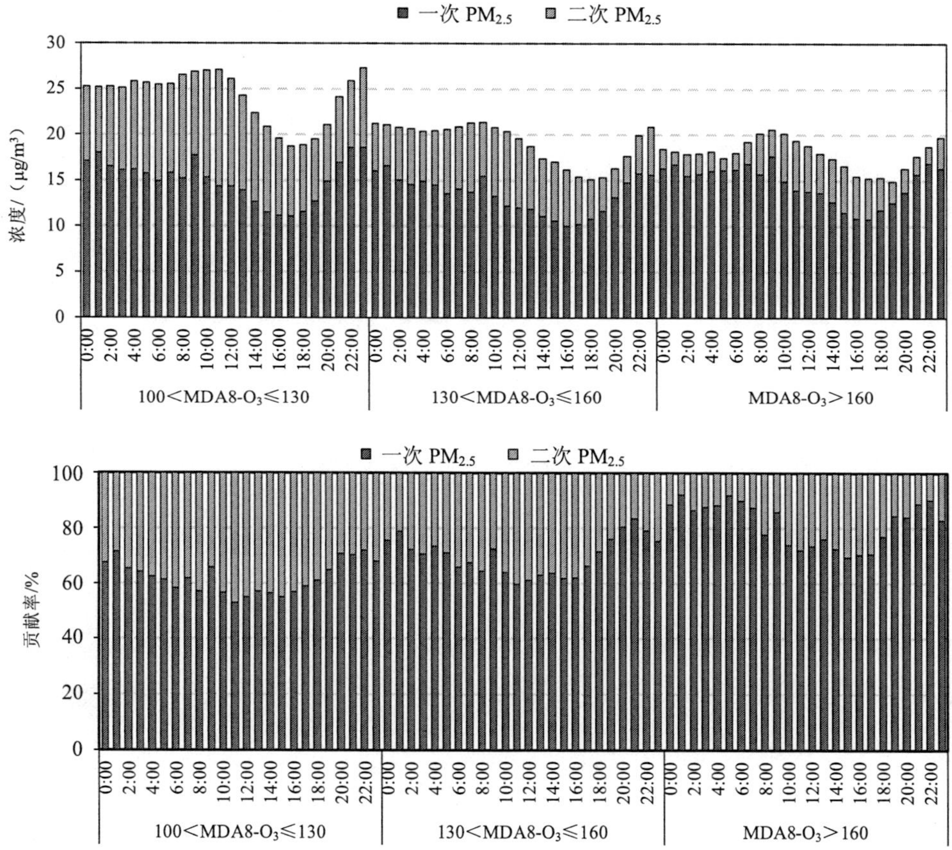

图 3-4　2021 年银川市不同光化学水平下一次 $PM_{2.5}$ 和二次 $PM_{2.5}$ 浓度与贡献率日变化

从 2021 年不同光化学水平下一次 $PM_{2.5}$ 和二次 $PM_{2.5}$ 浓度与贡献占比来看（图 3-5），低光化学水平、中光化学水平和高光化学水平下一次 $PM_{2.5}$ 的浓度分别为 15.03 μg/m^3、13.38 μg/m^3 和 14.64 μg/m^3，贡献率分别为 62%、70%和 82%；二次 $PM_{2.5}$ 的浓度分别为 9.11 μg/m^3、5.75 μg/m^3 和 3.25 μg/m^3，贡献率分别为 38%、30%和 18%。总体来看，随着光化学水平的升高，一次 $PM_{2.5}$ 贡献占比不断上升，二次 $PM_{2.5}$ 贡献占比不断下降。

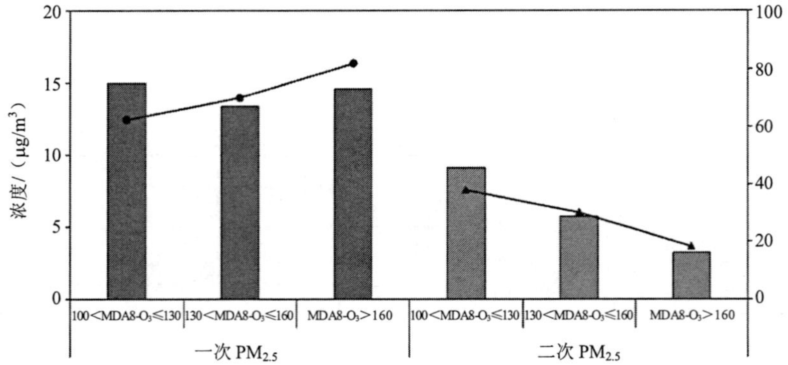

图 3-5　2021 年银川市不同光化学水平下一次 $PM_{2.5}$ 和二次 $PM_{2.5}$ 浓度与贡献率

3.3　大气氧化性对大气二次无机组分生成的影响

分析 2021 年 $PM_{2.5}$ 中水溶性无机离子质量浓度可知，2021 年 $PM_{2.5}$ 中水溶性无机离子质量浓度大小排序为 NH_4^+>SO_4^{2-}>NO_3^->Ca^{2+}>Cl^->K^+>Na^+>Mg^{2+}。最主要的阴离子成分是 SO_4^{2-}，占离子总量的 25.7%，其次是 NO_3^-（21.8%）和 Cl^-（9.0%）；最主要的阳离子成分是 NH_4^+，占离子总量的 26.9%，其次是 Ca^{2+}（10.4%）、K^+（3.2%）、Na^+（1.9%）和 Mg^{2+}（1.2%）。二次无机盐 SNA（SO_4^{2-}、NO_3^-、NH_4^+）是 $PM_{2.5}$ 中重要的二次水溶性无机离子，占总水溶性无机离子质量浓度的 74.4%，说明二次无机气溶胶是 $PM_{2.5}$ 的重要组成部分。从 2021 年日间和夜间 $PM_{2.5}$ 水溶性无机离子的组成特征来看，日间和夜间 $PM_{2.5}$ 中的水溶性无机离子质量浓度之和分别为 22.81 μg/m³ 和 21.67 μg/m³。日间 $PM_{2.5}$ 中的 4 种水溶性离子浓度大于夜间，尤其是二次无机盐 SO_4^{2-}、NO_3^- 和 NH_4^+ 质量浓度相比更高，表明光化学反应活跃程度和大气氧化性较高的日间，相比夜间 $PM_{2.5}$ 中二次无机盐的生成量更多（图 3-6）。

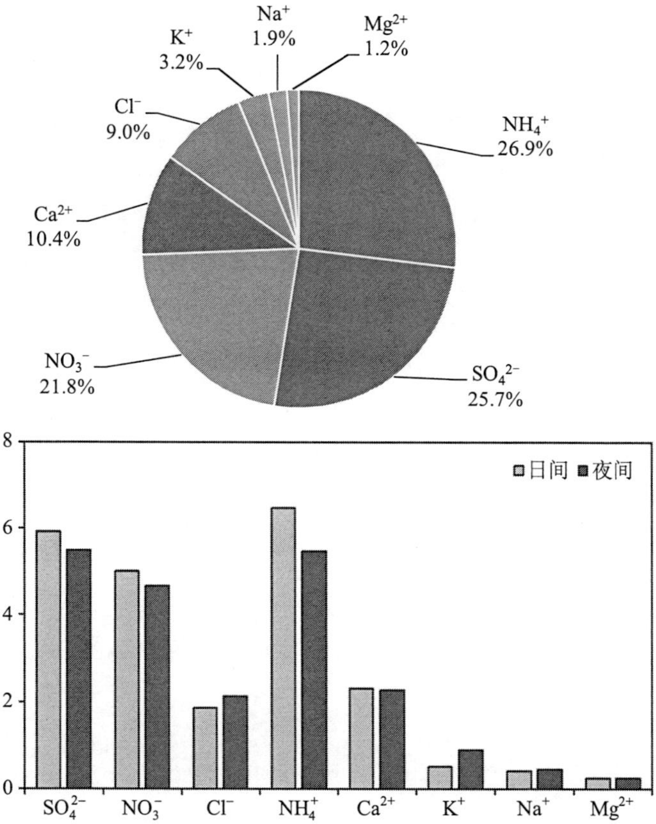

图 3-6　2021 年银川市 $PM_{2.5}$ 水溶性无机离子组成特征

SO_2 和 NO_2 转化为 SO_4^{2-} 和 NO_3^- 的化学过程，均受到·OH、O_3、H_2O_2 等大气氧化剂的影响，大气氧化剂的浓度越高，SOR 和 NOR 的值越大。因此，SOR 和 NOR 的值在一定程度上能够反映大气氧化剂的浓度水平。对 2021 年银川市 SOR 和 NOR 月度变化进行分析，8 月 SOR 值最大，为 0.73，1 月 SOR 值最小，为 0.22，是因为 SOR 主要受温度影响，夏季气温高、太阳辐射强，SO_2 向 SO_4^{2-} 转化以 SO_2 与 HO·反应的气相氧化为主，而冬季气温低，大气光化学活性弱，SO_2 的转化以液相氧化或云内过程为主。NOR 的月平均值 4 月最大，为 0.27，5 月 NOR 值最小，为 0.03，月变化不显著。有研究认为，HNO_3 主要通过气相氧化反应形成，由于市区大气中 NO_2 的主要来源是机动车尾气，而机动车尾气的排放量在各个季节差异不大，而 NO_3^- 质量浓度的季节差异主要受到气象要素（如气温、相对湿度以及太阳辐射强度等）季节变化的综合影响。

SO_4^{2-}和 NO_3^-主要通过气态污染物 SO_2 和 NO_2 的二次反应生成，大气氧化剂 O_x可作为评价大气氧化能力的一项指标，O_x浓度的大小与 SO_2 和 NO_2 的氧化效率有关。图 3-7 显示了 2021 年 4 个季节日间和夜间 SOR、NOR 与 O_x浓度的分布特征。从 SOR 来看，夏季日间的相关性最高（R=0.33），其他季节无明显相关性。同样，夜间也是夏季相关性最高（R=0.35），其他季节相关性均小于 0.1，总体来说，夏季大气氧化性越强，越能促进 SO_2 的二次反应；从 NOR 来看，日间 NOR 与 O_x 的相关性表现为冬季（R=0.52）＞春季（R=0.42）＞夏季（R=0.19）＞秋季（R=0.14），夜间春季（R=0.24）和冬季（R=0.29）相关性较高，夏季（R=–0.12）和秋季（R=–0.29）夜间 NOR 与 O_x 浓度呈负相关，总体来说，日间氧化剂浓度越高，NO_2 二次反应越强烈，而夜间大气氧化性仅在春季和冬季对 NO_2 的氧化有一定的促进作用。

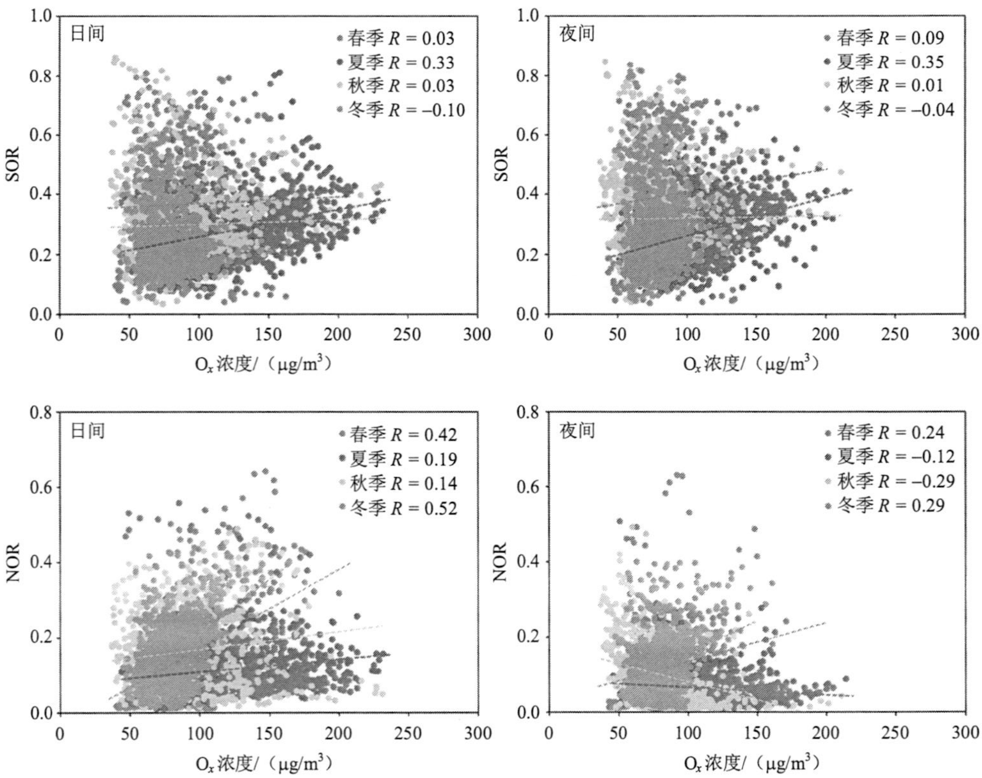

图 3-7 2021 年银川市不同季节日间和夜间 SOR、NOR 与 O_x 散点图

气态污染物 SO_2 和 NO_2 二次反应生成 SO_4^{2-} 和 NO_3^-，氧化剂 O_x 可表示大气氧化能力，O_x 浓度大小与 SO_2 和 NO_2 的氧化效率有关。对 $PM_{2.5}$、O_x、SOR、NOR 以及 $PM_{2.5}$ 中二次无机盐（SO_4^{2-}、NO_3^-、NH_4^+）进行相关分析（表 3-5），发现 $PM_{2.5}$ 与 NOR 和 $PM_{2.5}$ 中二次无机盐组分均呈较好的正相关性，与二次无机离子 SO_4^{2-}、NO_3^- 和 NH_4^+ 的相关性最高，其中与 NH_4^+ 的相关系数为 0.806。此外，O_x 与 SOR 之间呈正相关关系，相关系数为 0.721，而 O_x 与 NOR 及 $PM_{2.5}$ 中二次无机盐组分表现出负相关性，表明银川市较强的大气氧化性能够抑制 $PM_{2.5}$ 中二次无机盐的生成，O_x 浓度越高在一定程度上能提高大气中 SO_2 的转化率，$PM_{2.5}$ 浓度越高则能提高 NO_2 的转化率。

表 3-5 O_x、SOR、NOR 以及 $PM_{2.5}$ 中二次无机盐之间的相关性

	$PM_{2.5}$	O_x	SO_4^{2-}	NO_3^-	NH_4^+	SOR	NOR
$PM_{2.5}$	1	−0.629	0.51	0.519	0.806	−0.485	0.371
O_x	—	1	−0.453	−0.799	−0.311	0.721	−0.279
SO_4^{2-}	—	—	1	0.823	0.654	0.089	0.912
NO_3^-	—	—	—	1	0.502	−0.325	0.756
NH_4^+	—	—	—	—	1	0.013	0.616
SOR	—	—	—	—	—	1	0.144
NOR	—	—	—	—	—	—	1

3.4 本章小结

（1）2021 年 O_3 浓度表现为“春夏高秋冬低”，NO_2 浓度表现为“春夏低秋冬高”，大气氧化剂 O_x 浓度受臭氧主导，它的季节变化与臭氧浓度相同。O_x 浓度的日变化曲线呈“单峰形”特征，其中夏季 O_x 的日变化幅度明显大于其他季节。

（2）不同光化学水平下的 $PM_{2.5}$ 日变化总体上均呈现出“双峰形”分布的特征，峰值与颗粒物本地生成和早高峰污染物排放有关。不同光化学水平下的一次 $PM_{2.5}$ 差异较小，说明银川市在不同光化学水平下的排放源结构基本保持稳定。随着光化学水平的升高，二次 $PM_{2.5}$ 浓度降幅明显。

（3）2021 年 $PM_{2.5}$ 中水溶性无机离子质量浓度大小排序为 NH_4^+＞SO_4^{2-}＞NO_3^-＞Ca^{2+}＞Cl^-＞K^+＞Na^+＞Mg^{2+}，其中二次无机盐 SNA 占总水溶性无机离子质量浓度的 74.4%，说明二次无机气溶胶是 $PM_{2.5}$ 的重要组成部分。日间 $PM_{2.5}$ 中的 4 种水溶性离子浓度大于夜间，表明光化学反应活跃程度和大气氧化性较高的日间，相比夜间 $PM_{2.5}$ 中二次无机盐的生成量更多。

（4）夏季大气氧化性越强，越能促进 SO_2 的二次反应；日间氧化剂浓度越高，NO_2 二次反应越强烈，而夜间大气氧化性仅在春季和冬季对 NO_2 的氧化有一定的促进作用。

第4章

银川市大气颗粒物的光学特性及其对臭氧污染的影响

气溶胶光学特性是研究大气辐射、气候变化的重要参数。本章基于气溶胶光学厚度以及近地面光学监测设备监测数据计算所得的消光系数、单次散射反照率等参数，对银川市颗粒物光学性质进行深入分析，并同时探索其对臭氧污染的影响及与光解速率等参数之间的内在联系。

4.1 银川市大气颗粒物的光学特性

4.1.1 气溶胶光学厚度

气溶胶光学厚度（AOD）是气溶胶粒子重要的光学参数之一，表征大气介质的消光系数在垂直方向的积分，用于描述气溶胶对光的削减作用，与大气中悬浮的颗粒物浓度密切相关，是评价大气污染的一个关键指标。通常，AOD 值越小则表明大气越清洁；AOD 值越大则表明大气越混浊。

从 2021 年 8 个波段 AOD 月均值时序图可以看出，所有波段 AOD 变化趋势基本一致，波长越长，AOD 值越小，且 AOD 值的变化幅度越小。500 nm 波段的 AOD 在数值上与整个短波谱段 AOD 的均值基本相当，能够较好地反映全波段的

AOD 变化特征，所以选择 500 nm 波段的 AOD 观测值进行银川市 AOD 分布特征的分析研究。

2021 年 AOD 值 1 月最低，3 月最高，具体表现为 1—3 月 AOD 值迅速上升，随后自 7 月开始迅速下降，7—12 月 AOD 值变幅较小。从季节变化来看，2021 年 AOD 季节均值大小顺序为春季＞夏季＞秋季＞冬季，其值依次为 0.76、0.44、0.40 和 0.26，其中夏季、秋季和冬季均低于全年平均值，仅春季高于全年平均值（图 4-1）。

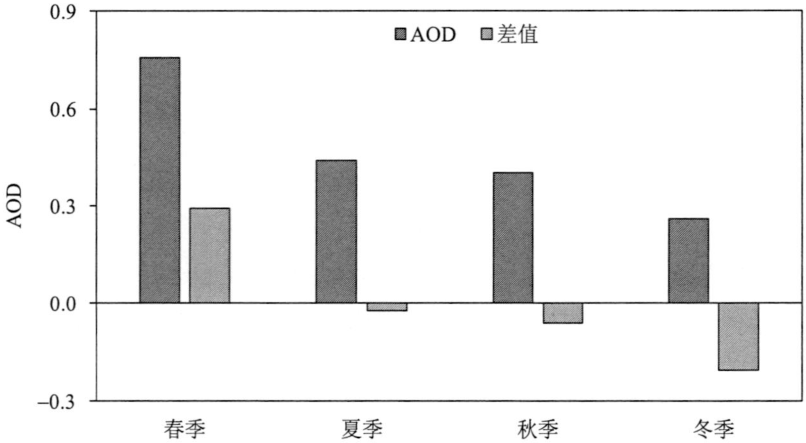

图 4-1　2021 年银川市 AOD 季节均值及其与年均值的差值

AOD 与大气中气溶胶粒子浓度有关，而气溶胶粒子浓度的影响因素又十分复杂，如相对湿度较大有利于气溶胶粒子吸湿增长；小风条件不利于气溶胶粒子扩散，大风又易裹挟沙尘导致污染物的异地传输；燃煤供暖会直接向大气中排放颗粒物等。2020 年和 2021 年受这些因素的综合影响，AOD 变化趋势大不相同。具体来看，2021 年 1 月因冬季集中供暖燃煤排放和颗粒物本地生成，$PM_{2.5}$ 污染天数达 17 d（轻度污染 9 d，中度污染 4 d，严重污染 4 d），因此 2020 年 1 月 AOD 值全年最高，而 2021 年 1 月颗粒物本地生成较轻，主要在沙尘影响下出现 4 d 轻度污染，1 d 中度污染和 2 d 严重污染，所以 2021 年 1 月 AOD 值较小；2021 年 3 月沙尘天气频繁，共计出现 11 d 污染，其中 3 月 15—19 日连续 5 d 严重污染，其间 AOD 值持续位于 5 以上，因此 3 月 AOD 显著高于其他月份。综上所述，银川市 AOD 月际和年际差异明显，反映出银川市生产生活状况、大气污染物排放以及气象条件的差异性和复杂性。

4.1.2　气溶胶消光系数

太阳辐射在大气中传输受到气溶胶颗粒物的散射作用，一部分向下达到地表；另一部分则向上进入大气层，使得到达地球表面的太阳辐射减少。气溶胶的散射作用取决于颗粒物的大小、形状、数浓度、谱分布、相对湿度及复折射指数等。散射系数由浊度计直接测得，本研究中浊度计测量的是 450 nm、525 nm 和 635 nm 波段下的气溶胶散射系数（σ_{sp}），本研究重点是讨论 525 nm 波段下的散射系数。

不同化学组分的气溶胶对太阳辐射的吸收作用不同，黑炭气溶胶是太阳辐射的吸收主体，在吸收消光中起主要作用，其质量吸收系数比其他的气溶胶组分要大 2～3 个数量级。国内科研工作者通过寻找黑炭气溶胶浓度和吸收系数的线性关系，间接地订正黑炭仪测量的结果，吴兑等在珠三角对黑炭气溶胶及其辐射特性进行了研究，得到拟合公式为 Abs532=8.28×MBC+2.23。其他研究表明，对于城市地区的转化系数 a 应在 7～10，北京的大部分试验都选择 8.8。本研究采取吴兑等的经验系数进行吸收系数的订正。本研究中黑炭仪可测量 7 个波段（370 nm、470 nm、520 nm、590 nm、660 nm、880 nm 和 950 nm）的黑炭气溶胶的质量浓度。为与散射系数保持一致，同时参考大部分颗粒物光学研究成果，本研究重点是讨论 520 nm 波段下的气溶胶的吸收系数。

图 4-2 展示了 2021 年银川市散射系数、吸收系数的逐月变化，并与 $PM_{2.5}$ 质量浓度进行了逐月比较。从图 4-3 中可以看出，整体上消光系数（散射系数+吸收系数）与 $PM_{2.5}$ 浓度有较好的对应关系，均是在秋季、冬季较高，春季、夏季较低（7 月 525 nm 波段下散射系数无监测数据）。全年吸收系数均值为 187.0 Mm^{-1}，其中散射系数占 92.0%（172.0 Mm^{-1}），吸收系数仅占 8.0%（14.9 Mm^{-1}）。散射系数最高的月份为 10 月（358.3 Mm^{-1}），最低出现在 8 月（80.3 Mm^{-1}）；吸收系数则是在 3 月以及 11—12 月显著高于其他月份。

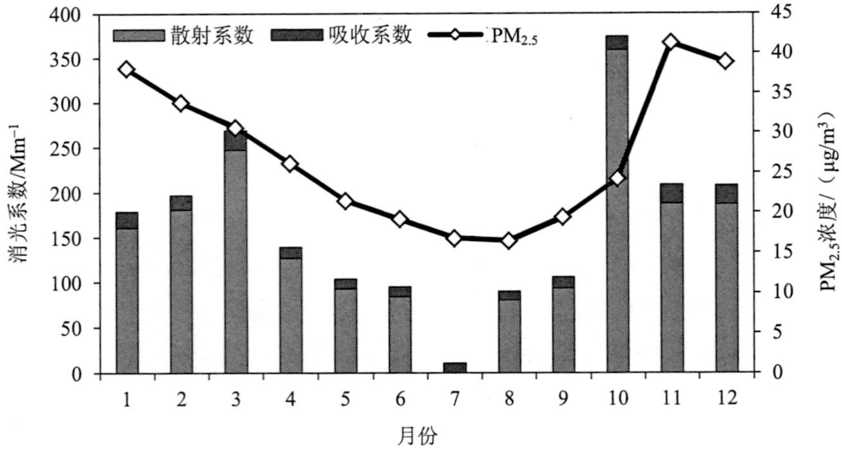

图 4-2　2021 年银川市消光系数逐月变化

图 4-3 给出了 2021 年银川市四季消光系数日变化特征，从图 4-4 中可以看出，银川市消光系数整体呈现夜间高、日间低的特征，夜间消光系数保持缓慢升高的趋势，并在上午 9:00 左右达到峰值，9:00—12:00 消光系数维持在相对稳定水平，此后随着扩散条件的改善，消光系数快速降低，并在 16:00 左右达到谷值，且在不同季节日变化特征一致。消光系数呈现秋季＞春季≈冬季＞夏季的特征，秋季消光系数峰值达 266.9 Mm^{-1}，谷值为 177.8 Mm^{-1}。

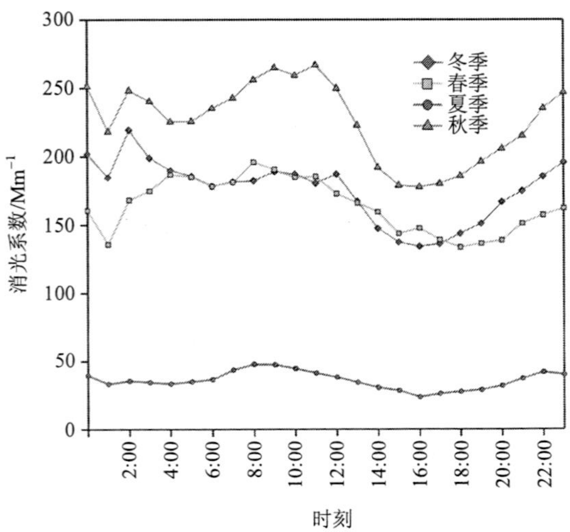

图 4-3　2021 年银川市消光系数日变化

4.1.3　气溶胶单次散射反照率

气溶胶单次散射反照率（SSA）定义为散射系数与消光系数之比，反映了气溶胶散射和吸收特性的综合作用，是评估气溶胶气候效应的关键变量之一。SSA 与气溶胶组分有关，研究发现，生物质燃烧产生的气溶胶颗粒的 SSA 为 0.74，柴油机烟灰的 SSA 为 0.2，城市污染型气溶胶的 SSA 为 0.8～1.0；纯 BC 颗粒的 SSA 约为 0.3。

2021 年银川市共计 6 721 个有效样本的频数分布，其中 SSA 平均 0.89，标准偏差为 0.05，SSA 在 0.8 以下的仅占 3.5%，在 0.8～0.9 的占 51.5%，在 0.9～1.0 的占 45.5%。从不同季节来看，冬季 SSA 分布较为集中，二次无机盐散射对消光系数的贡献较大。

表 4-1 列出了中国和世界不同地区气溶胶光学特征观测结果，从表 4-1 可以看出，2021 年银川市观测到的 SSA 值和亚特兰大观测结果相近，低于临安、上海的观测结果，高于广州、北京、香河和新垦等地。与 2020 年相比，2021 年银川市散射系数与往年十分接近，但吸收系数有较大幅度下降，SSA 值与 2020 年相比稍有上升。

表 4-1　不同地区气溶胶光学特征

地点	λ /nm	σ_{sca} /Mm^{-1}	σ_{abs} /Mm^{-1}	SSA	RH
银川 2021 年	σ_{sca}=525 σ_{abs}=520	172.0±195.4	14.9±14.6	0.89±0.05	—
银川 2020 年	σ_{sca}=525 σ_{abs}=520	176.9±192.0	17.6±54.7	0.88±0.06	—
广州	σ_{sca}=550 σ_{abs}=532	151±103	34.3±26.5	0.82±0.7	＜40%
北京	σ_{sca}=530 σ_{abs}=565	488±370	83±40	0.84±0.08	＜40%
香河	σ_{sca}=550 σ_{abs}=550	468±472	65±75	0.81～0.85	＜42.5%
临安	σ_{sca}=530 σ_{abs}=565	353±303	23±14	0.93±0.04	＜40%

地点	λ /nm	σ_{sca} /Mm^{-1}	σ_{abs} /Mm^{-1}	SSA	RH
新垦	σ_{sca}=550 σ_{abs}=630	353±138	70±42	0.83	＜20%
上海	σ_{sca}=550 σ_{abs}=550	202±63	17±6.5	0.92	55%
Kwangju（韩国）	σ_{sca}=520 σ_{abs}=880	319±222	42±12	0.84～0.93	—
ACE-Asia	σ_{sca}=550 σ_{abs}=550	330±31	14±7.0	0.96±0.02	55%
Atlanta（亚特兰大）	σ_{sca}=530	121±48	16±12	0.87±0.08	48%±5%

4.2 银川市大气颗粒物光学特征对其他参数的影响

4.2.1 AOD 对太阳辐射的影响

大气中颗粒物的消光作用在一定程度上可以改变太阳辐射强度。由图 4-4 可以看出，2021 年银川市 AOD 和太阳辐射强度负相关，相关系数为 –0.18。

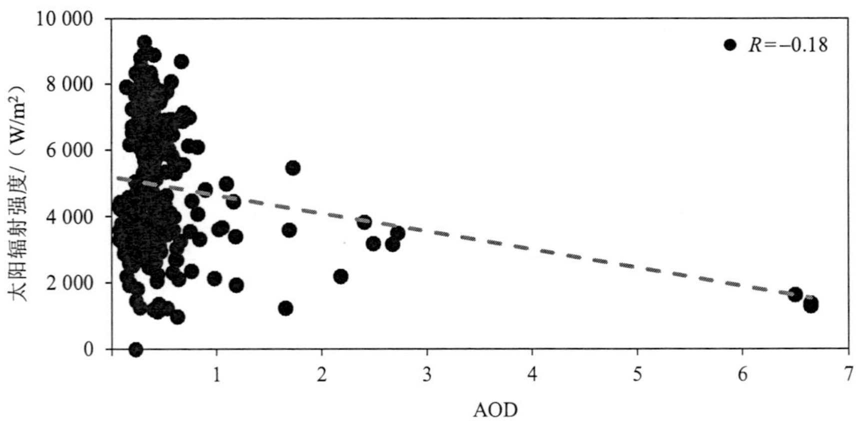

图 4-4 2021 年银川市 AOD 与太阳辐射强度相关性

从不同 $PM_{2.5}$ 浓度对应的太阳辐射强度日变化来看，太阳辐射强度变化趋势一致，表现为自 7:00 起，随着日出，太阳辐射强度开始持续上升，在 13:00 前后达到最大值后开始下降，同时太阳辐射强度的大小与 $PM_{2.5}$ 浓度和 AOD 值相对应，即 $PM_{2.5}$ 浓度越高，AOD 值越大，太阳辐射强度越小。2021 年 $PM_{2.5}$ 浓度为 0～20 μg/m³、20～40 μg/m³、40～60 μg/m³ 和大于 60 μg/m³ 时，AOD 分别为 0.36、0.40、0.41 和 1.61，太阳辐射强度峰值分别为 724 W/m²、610 W/m²、492 W/m² 和 457 W/m²，日太阳辐射强度分别为 5 619 W/m²、4 478 W/m²、3 282 W/m² 和 3 169 W/m²。综上所述，$PM_{2.5}$ 浓度增大会导致 AOD 同步升高，此时大气颗粒物对太阳辐射的散射和吸收作用会使地面接收到的太阳辐射强度减弱。

4.2.2　SSA 与光解速率

紫外辐射通过驱动对流层中的光解离反应，参与大气光化学反应。光解反应在大气气相化学反应中占有重要地位，对大气中的化学物质的转化有重要影响。NO_2 是大气化学中的关键化学成分，对流层中 NO_2 的快速光解在很大限度上控制了对流层臭氧（O_3）和·OH（O_3 光解的二次产物）的形成，光解反应速率常数称为 NO_2 光解速率，记作 $J(NO_2)$。本研究基于总辐射数据，间接估算 $J(NO_2)$值，其方法为：在光谱中，UV 约占总辐射的 4%，基于折算的 UV 数据，结合其他城市关于 UV 与 $J(NO_2)$值的线性拟合结果（图 4-5），进行估算。图 4-6 对不同 SSA 下的 $J(NO_2)$值进行了分类统计，可以看出总体上 SSA 值越高，相应的 $J(NO_2)$值越大（图 4-6）。

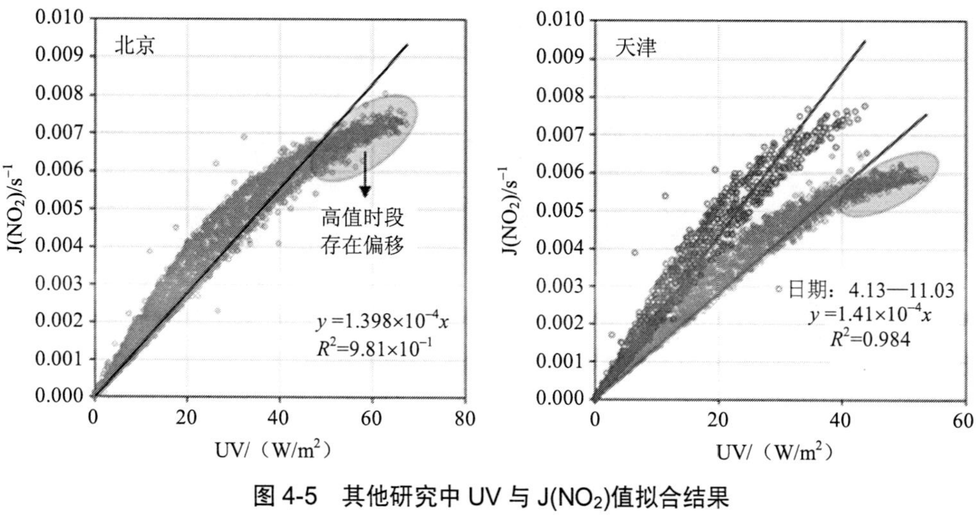

图 4-5　其他研究中 UV 与 $J(NO_2)$值拟合结果

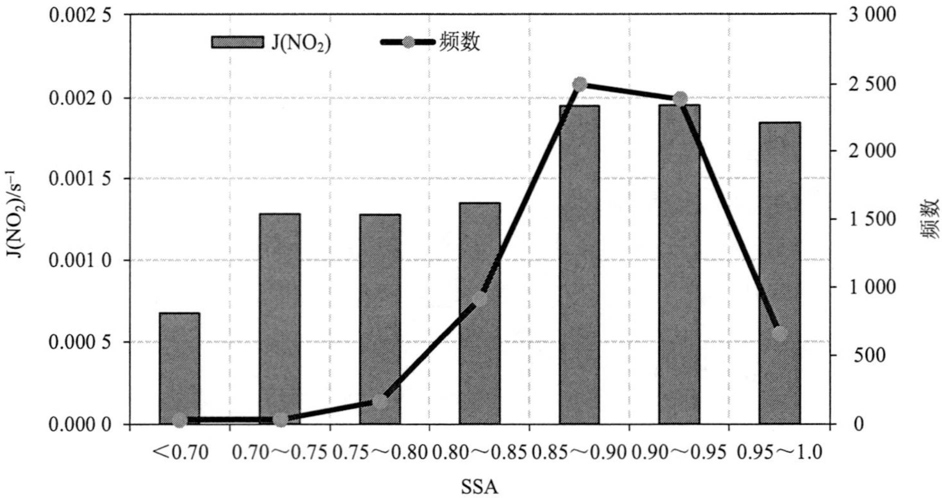

图 4-6 2021 年银川市不同 SSA 分级下 $J(NO_2)$值

从两者的日变化规律来看，它们表现出一定的协同性，但 $J(NO_2)$是与太阳辐射密切相关的参数，其在正午及午后达到一天的峰值，SSA 值则是在 13:00—17:00 相对较高，相比 $J(NO_2)$有 2 h 的滞后（图 4-7）。

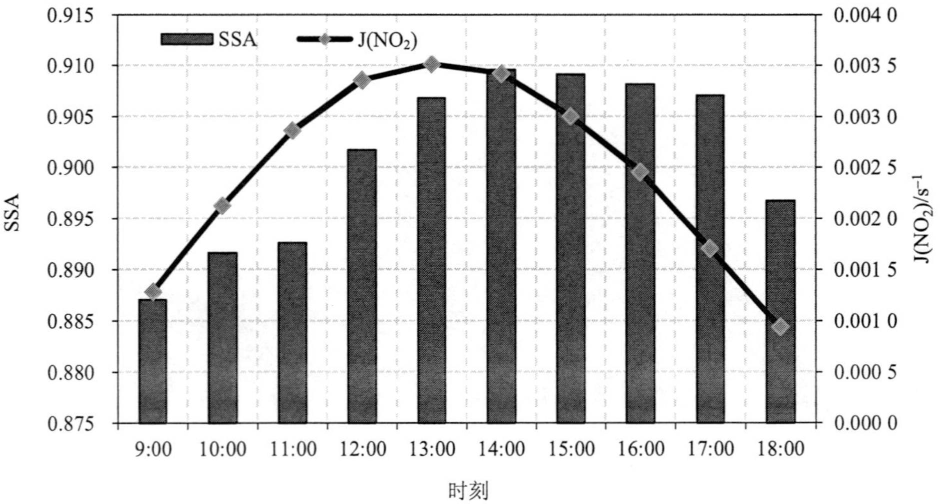

图 4-7 2021 年银川市不同时刻 SSA 与 $J(NO_2)$值

4.2.3　消光系数与气象、各污染物关系

2023 年 5 月 9 日至 7 月 18 日开展 70 d 的气溶胶消光系数监测，颗粒物组分的消光系数贡献一般通过组分的质量浓度乘以该组分的质量消光效率得到。颗粒物化学组分的质量消光效率是用于估算颗粒物组分消光贡献的重要的参数之一。目前，我国研究化学组分与消光系数之间关系的方法主要有 3 种，分别是基于美国保护视觉环境跨部门观测计划（IMPRVOE）研究结果得到的 IMPRVOE 公式（2007）、多元线性回归分析方法以及目前应用广泛的计算粒子散射的 Mie 散射模型。本研究中选择多元线性回归分析方法评估各化学组成对消光系数的贡献。

（1）大气消光和气象参数的变化特征

监测期间消光系数、气象及颗粒物时间序列如图 4-8 所示，监测期间大气消光系数为 8.2～332.7 Mm^{-1}，平均值为（50.3±37.9）Mm^{-1}，明显高值出现在 5 月 10 日和 5 月 19 日，峰值分别为 265.8 Mm^{-1} 和 332.7 Mm^{-1}，结合气象情况和颗粒物组分来看，两次消光系数高值原因有较大差别，其中 5 月 10 日消光系数高值期间气象表现为相对湿度较高（高于 80%），气温较低（低于 20℃），风速较低（低于 1 m/s），同时颗粒物组分表现为较高的二次组分（NO_3^-、SO_4^{2-}、NH_4^+）水平，二次组分 $PM_{2.5}$ 占比平均达到 81.2%；而 5 月 19 日则不同，对比来看，5 月 19 日消光系数高值期间气象表现为相对湿度较低（仅为 10%左右），气温较高（30℃左右），风速较高（最高为 4.3 m/s），颗粒物组分表现为较高的土壤成分占比，土壤成分占比高于二次组分和有机物（OM=1.7×OC）。整体来看，监测期间消光系数和黑炭浓度以及 $PM_{2.5}$ 相关性较好，其中 5 月 10 日消光系数高值期间主要受二次组分影响，5 月 19 日消光系数高值期间主要受土壤成分影响较大。

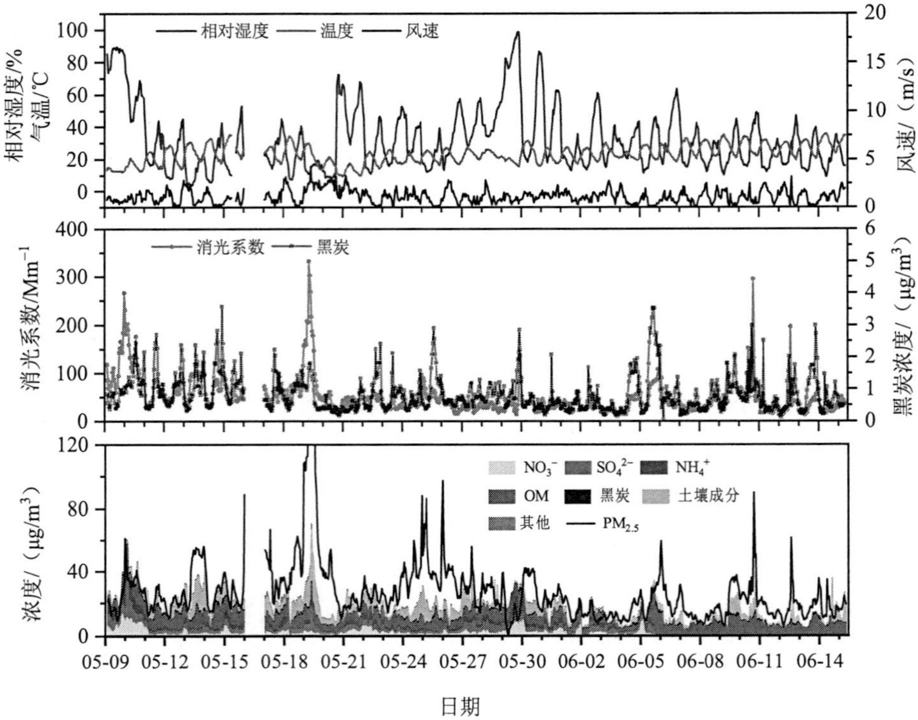

图 4-8　监测期间消光系数、气象及颗粒物时间序列

研究表明，能见度下降的主要原因是空气中大量悬浮的微小颗粒物的消光作用，因此作散点图研究能见度和消光系数的关系，结果如图 4-9 所示。可以看出，能见度和消光系数呈负相关关系（相关系数 R = –0.49）。因此对消光系数的研究对能见度至关重要。

表 4-2 为各项污染物与消光系数的相关性分析，从表 4-2 中可以看出，消光系数和 $PM_{2.5}$ 相关性最好（$R^2 = 0.47$），说明 $PM_{2.5}$ 对消光系数影响较大。从 $PM_{2.5}$ 组分结果来看，黑炭（$R^2 = 0.29$）和 SO_4^{2-}（$R^2 = 0.22$）和消光系数的相关性较好，对消光系数影响较大，其中黑炭主要影响吸收系数。用消光系数/$PM_{2.5}$ 来表征单位 $PM_{2.5}$ 的消光系数，图 4-14 为不同 $PM_{2.5}$ 浓度区间消光系数/$PM_{2.5}$ 的比值情况，可以看出，$PM_{2.5}$ 浓度增加，消光系数/$PM_{2.5}$ 的比值有下降的趋势，说明在低浓度 $PM_{2.5}$ 下，$PM_{2.5}$ 的增加对消光系数的影响更大。因此在低浓度下，也需要加强对消光系数的关注。

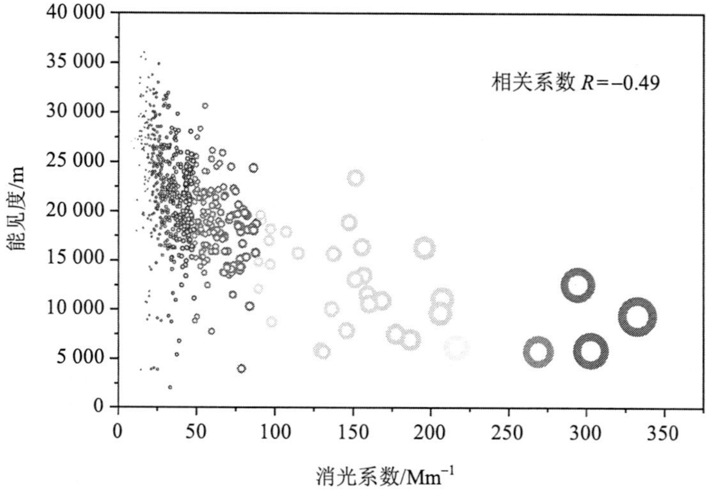

图 4-9　监测期间能见度和消光系数散点图

表 4-2　各项污染物与消光系数的相关性分析

相关系数	$PM_{2.5}$	黑炭	NO_3^-	SO_4^{2-}	NH_4^+	OC	土壤成分
R^2	0.47	0.29	0.16	0.22	0.12	0.17	0.14

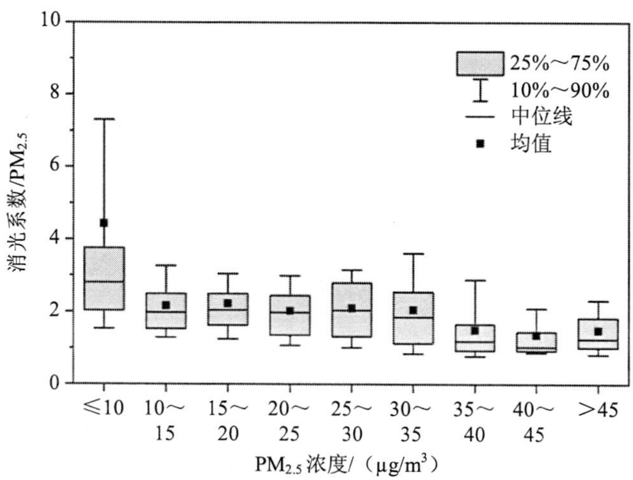

图 4-10　不同 $PM_{2.5}$浓度区间消光系数/$PM_{2.5}$比值情况分析

（2）颗粒物消光关系式的建立

研究表明，黑炭是唯一影响大气吸收的颗粒物，而颗粒物中的 OM、$(NH_4)_2SO_4$ 和 NH_4NO_3 等化学物种是颗粒物散射的主要贡献组分。本研究考虑了吸湿性对散射的影响，在硫酸铵和硝酸铵质量浓度项前分别乘上一个 f（RH）以表征相对湿度对吸湿性组分消光的影响。f（RH）是相对湿度的半经验函数，本研究借鉴美国 IMPROVE 项目中对相对湿度影响的 f（RH）经验函数。利用获得的 $PM_{2.5}$ 化学组分和消光系数数据，用 Origin 软件进行多元回归统计，对监测期间的 565 组独立数据进行拟合使得到的残差最小，研究消光系数与 $PM_{2.5}$ 化学组分之间的关系。经过多元回归统计分析后，建立消光系数与 $PM_{2.5}$ 化学组分之间的拟合公式

$$\text{消光系数} = 1.42\times f(\text{RH})[\text{硫酸铵}] + 1.13\times f(\text{RH})[\text{硝酸铵}] + 25.27\times[\text{黑炭}] + 3.68\times[\text{土壤成分}] \quad (4\text{-}1)$$

式中，［硫酸铵］= $1.375\times SO_4^{2-}$；［硝酸铵］= $1.29\times NO_3^-$；[土壤成分] = $1.63\times Ca + 2.42\times Fe$。

图 4-11 为消光系数拟合值与实测值的比较，相关系数 R^2=0.85，说明此关系式较好地反映了银川市消光系数与 $PM_{2.5}$ 化学组分之间的关系。

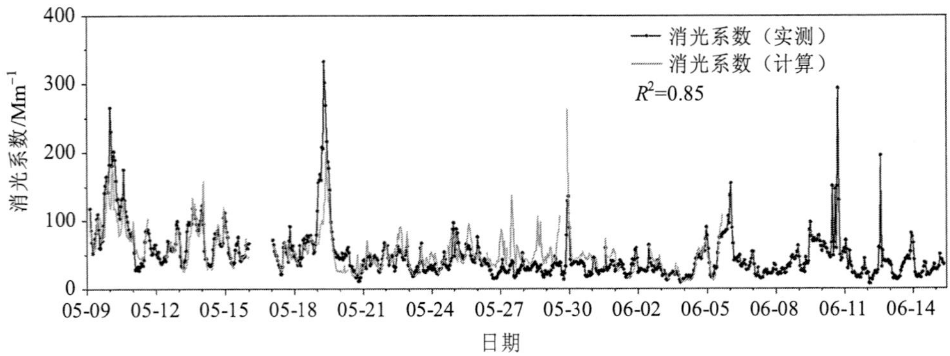

图 4-11 消光系数实测值和计算消光系数调整前后时间序列

根据拟合式（4-1），得到 $PM_{2.5}$ 各化学组分的时间序列和平均消光贡献，如图 4-12 和图 4-13 所示。在整个监测期间，黑炭对消光系数的贡献最大，平均贡献为 39.0%，其次为土壤成分，平均贡献为 33.0%，硫酸铵和硝酸铵的平均贡献

分别为 17.1%和 10.9%。在不同的时间，各组分的消光系数贡献有所不同，其中 5 月 10 日消光系数高值期间硫酸铵贡献最大，5 月 19 日消光系数高值期间土壤成分和黑炭贡献占比较大。

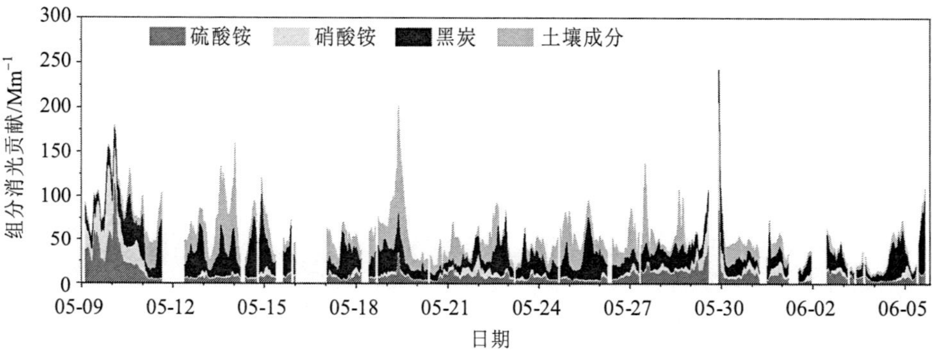

图 4-12　颗粒物组分消光贡献时序

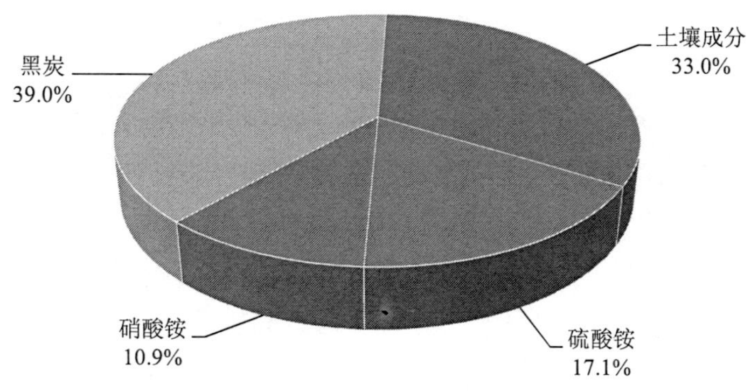

图 4-13　颗粒物组分消光贡献

4.3　银川市大气颗粒物光学特征对臭氧的影响

4.3.1　气溶胶光学厚度对臭氧的影响

臭氧的生成不仅与氮氧化物（NO_x）和挥发性有机物（VOCs）浓度有关，还受限于紫外波段的有效光化学辐射通量，前文分析表明 AOD 与太阳辐射强度有较好的相关性，因此统计了 AOD 与 O_3-8h 浓度的相关性（图 4-14），从图 4-14 中可以看出，2021 年银川市 AOD 和 O_3-8h 浓度呈负相关关系，相关系数为 –0.17。

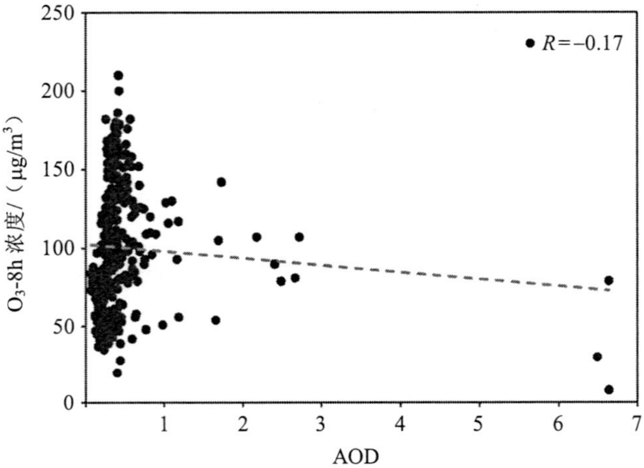

图 4-14　2021 年银川市 AOD 与 O_3-8h 浓度相关性

图 4-15 给出了不同臭氧浓度区间下的 AOD 分布特征，可以看出，随着臭氧浓度增大，AOD 逐渐下降。从不同 O_3-8h 浓度对应的太阳辐射强度日变化来看，太阳辐射强度变化趋势一致，表现为 7:00 起，随着日出，太阳辐射强度开始持续上升，在 13:00 前后达到最大值后开始下降，同时太阳辐射强度的大小与 O_3-8h 浓度和 AOD 值相对应，即 AOD 值越小，太阳辐射强度越大，O_3-8h 浓度越高。2021 年 O_3-8h 浓度分别为 0～100 μg/m^3、100～160 μg/m^3 和大于 160 μg/m^3 时，AOD 分别为 0.48、0.46 和 0.39，太阳辐射强度峰值分别为 484 W/m^2、775 W/m^2 和 911 W/m^2，日太阳辐射强度分别为 3 277 W/m^2、6 069 W/m^2 和 7 110 W/m^2。综上所述，臭氧浓度高值出现在 AOD 较小时，此时较为清洁的大气会使地面接收到的太阳辐射强度增强，从而促进光化学反应发生，生成臭氧。

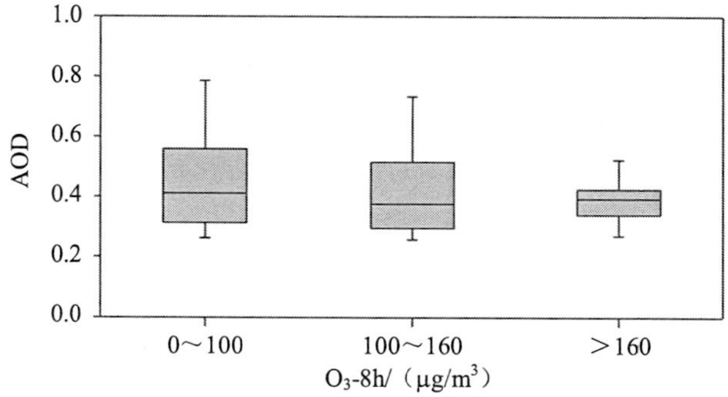

图 4-15　2021 年银川市不同 O_3-8h 浓度下 AOD 的分布特征

4.3.2　气溶胶单次散射反照率对臭氧的影响

由上文分析可知，气溶胶单次散射反照率（SSA）与光解速率有较高的一致性，而 NO_2 的光解速率又是对流层臭氧形成关键影响因子之一，因此 SSA 对臭氧浓度存在一定的影响。图 4-16 对不同 SSA 分级下的臭氧浓度进行了分类统计，从图 4-16 中可以看出，总体上 SSA 值越高，相应的臭氧浓度越大。

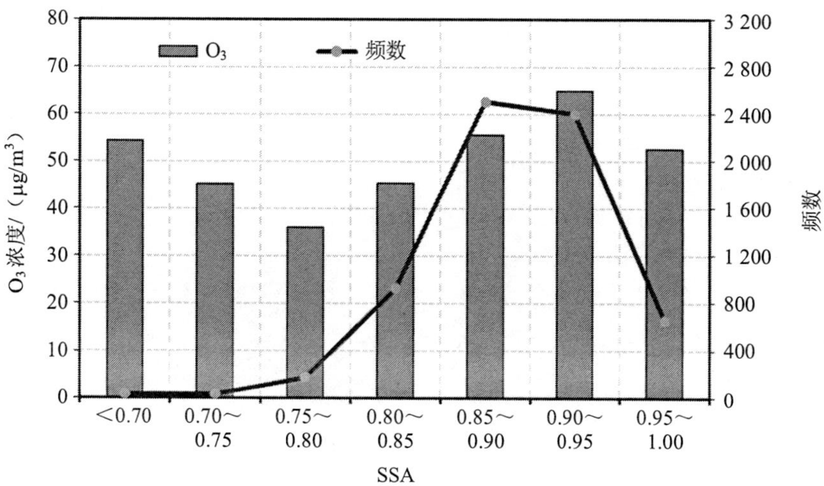

图 4-16　2021 年银川市不同 SSA 分级下 O_3 浓度

从两者的日变化规律（图 4-17）来看，它们表现出高相关性，日变化趋势一致，均表现为 6:00—8:00 呈下降趋势，随后随着太阳辐射的增强，光化学反应开始发生，SSA 和臭氧浓度同步快速上升，SSA 在 13:00—17:00 持续较高，臭氧浓度峰值出现在 15:00—17:00，相比 SSA 有 1～2 h 的滞后，17:00 后随着太阳辐射的减弱，两者浓度快速下降。

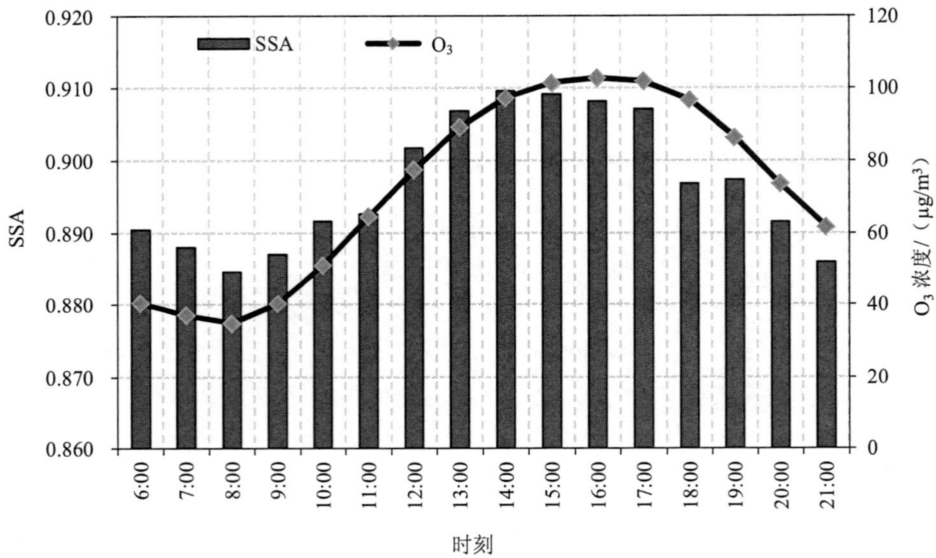

图 4-17　2021 年银川市不同时刻 SSA 与 O_3 浓度

4.4　本章小结

（1）2021 年 AOD 值表现为 1—3 月迅速上升，随后自 7 月起迅速下降，7—12 月 AOD 值变幅较小，其中 1 月最低，3 月最高。从季节变化来看，2021 年 AOD 季节均值大小排序为春季＞夏季＞秋季＞冬季。消光系数与 $PM_{2.5}$ 浓度有较好的对应关系，均是在秋季、冬季较高，春季、夏季较低，散射系数最高的月份为 10 月，最低出现在 8 月，吸收系数则是在 3 月以及 11—12 月显著高于其他月份。2021 年银川市冬季 SSA 分布较为集中，二次无机盐散射对消光系数的贡献较大。

（2）$PM_{2.5}$ 浓度增大会导致 AOD 同步升高，此时大气颗粒物对太阳辐射的散射和吸收作用会使得地面接收到的太阳辐射强度减弱。SSA 值与 $J(NO_2)$值呈现同步变化，但 $J(NO_2)$在正午及午后达到一天的峰值，SSA 值则是在 13:00—17:00 相对较高，相比 $J(NO_2)$有 2 h 的滞后。

（3）能见度和消光系数呈负相关关系（相关系数 $R = -0.49$）。另外，消光系数和 $PM_{2.5}$ 相关性最好（$R^2 = 0.47$），说明 $PM_{2.5}$ 对消光系数影响较大。组分中黑炭（$R^2 = 0.29$）及 SO_4^{2-}（$R^2 = 0.22$）和消光系数的相关性较好，对消光系数影响较大。

（4）黑炭对消光系数的贡献最大，平均贡献为 39.0%，其次为土壤成分，平均贡献为 33.0%，硫酸铵和硝酸铵的平均贡献分别为 17.1%和 10.9%。其中，5 月 10 日消光系数高值期间硫酸铵贡献最大，5 月 19 日消光系数高值期间土壤成分和黑炭贡献占比较大。因此，控制黑炭污染对银川市能见度下降天气将起到关键性作用。

（5）臭氧浓度高值出现在 AOD 较小时，此时较为清洁的大气会使得地面接收到的太阳辐射强度增强，从而促进光化学反应发生，生成臭氧。SSA 与臭氧浓度呈同步变化，SSA 值越高，相应的臭氧浓度越大，且两者的日变化规律一致。

第 5 章 银川市大气颗粒物及臭氧前体物特征及来源解析

5.1 挥发性有机物（VOCs）污染特征

2021 年银川市 VOCs 组分的日均浓度为 8.88～108.02 ppbv①，均值为 35.58 ppbv，VOCs 组分平均浓度分别为烷烃 13.60 ppbv、烯烃 4.09 ppbv、乙炔 3.95 ppbv、芳香烃 2.63 ppbv、卤代烃 3.57 ppbv、大气中的含氧有机物（OVOCs）7.66 ppbv 和其他（有机硫）0.08 ppbv。2021 年烷烃是银川市环境大气最主要的组分，贡献率达 38.2%，其次是 OVOCs 和烯烃，占比分别为 21.5%和 11.5%，乙炔占比为 11.1%，卤代烃占比为 10.0%，芳香烃占比为 7.4%，其他组分占比仅为 0.2%。

图 5-1 为 2021 年银川市 VOCs 化学组成的逐月变化情况（9 月和 10 月数据缺失），可以看出，不同月份化学组分相差不大，烷烃均为主要组分，占比稳定在 31.0%～44.7%，1—2 月和 11—12 月乙炔占比明显升高。从 VOCs 浓度的逐月变化特征来看，基本呈现“冬高夏低”的季节特征，不同月份浓度为 21.89～53.25 ppbv。12 月 VOCs 浓度最高，其次为 3 月和 1 月，4 月 VOCs 浓度相比 3 月整体大幅

① 1 ppbv=10^{-9}。

下降，4—6 月 VOCs 浓度较为稳定，7 月 VOCs 浓度再次升高，8 月 VOCs 浓度下降。

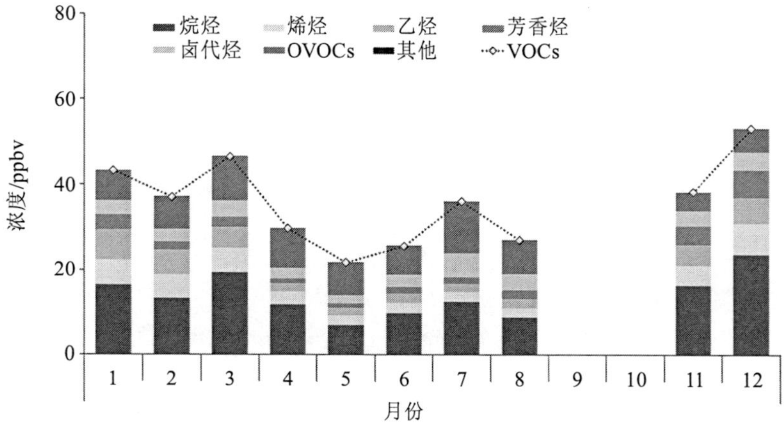

图 5-1　2021 年银川市 VOCs 各组分对 VOCs 浓度贡献逐月变化

从单个组分浓度来看，乙烷（4.90 ppbv）和乙炔（3.95 ppbv）是 2021 年银川市环境空气浓度最高的两种组分。烷烃中，乙烷、丙烷、正丁烷、异戊烷和异丁烷是主要组分，烯烃中乙烯浓度最高，乙炔浓度值在所有组分中排名第二，除此之外，前 10 组分中还包括两种 OVOCs（乙醛和丙酮）和 1,2-二氯乙烷（图 5-2）。

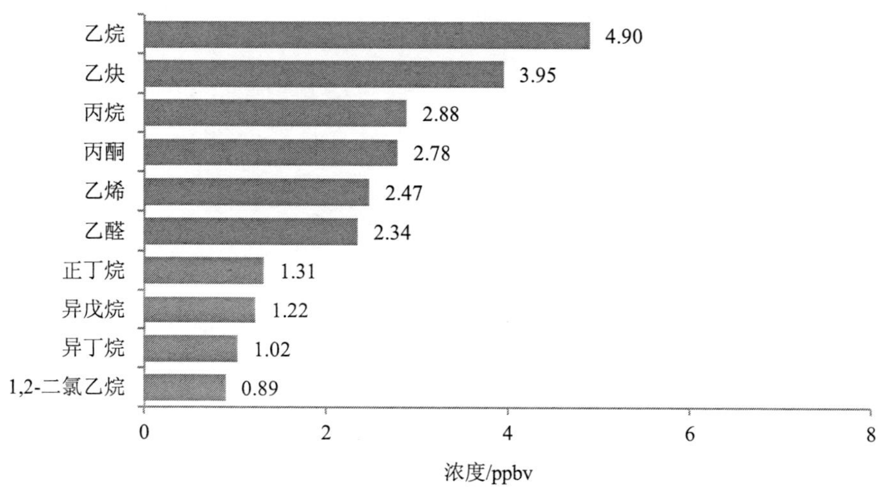

图 5-2　2021 年银川市主要 VOCs 组分浓度

5.2 挥发性有机物（VOCs）的环境效应

5.2.1 VOCs 对臭氧生成的影响

2021 年银川市 VOCs 组分的平均臭氧生成潜势为 227.86 μg/m^3，对臭氧生成起关键作用的组分是烯烃、OVOCs 和芳香烃，贡献率分别为 32.1%（73.11 μg/m^3）、29.8%（67.90 μg/m^3）和 21.6%（49.19 μg/m^3），其次是烷烃，占比为 13.0%，其余组分占比均不足 5.0%（图 5-3）。从月变化来看，整体变化趋势与 VOCs 浓度类似，2021 年 1—12 月月平均臭氧生成潜势的变化为 155.51～336.82 μg/m^3，11 月和 12 月，芳香烃贡献率占比显著上升（图 5-4）。

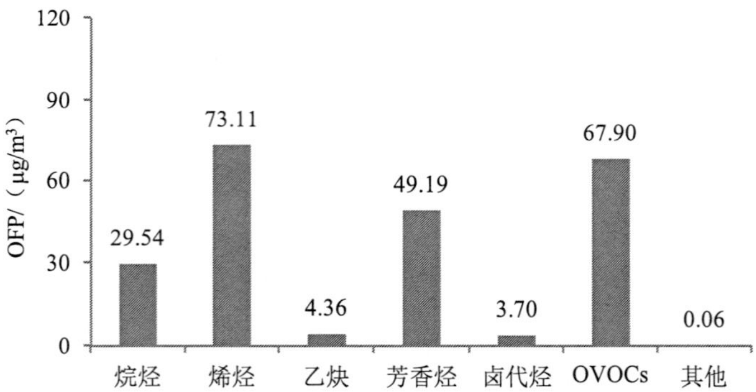

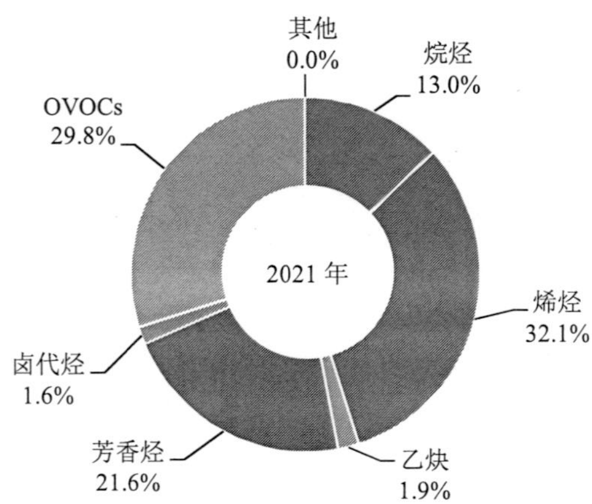

图 5-3 2021 年银川市 VOCs 组分对臭氧生成贡献

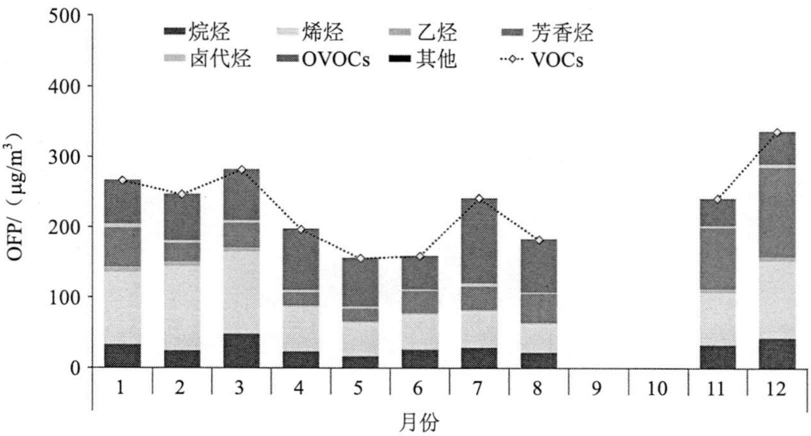

图 5-4　2021 年银川市 VOCs 各组分对臭氧生成贡献逐月变化

5.2.2　VOCs 对颗粒物生成的影响

有机气溶胶是环境大气中 $PM_{2.5}$ 的重要组分，占 $PM_{2.5}$ 质量浓度的 20%～90%，其中二次有机气溶胶（SOA）对 OA 的贡献可达 70%～95%，而 VOCs 是 SOA 的重要前体物。

随着 SOA 实验室模拟研究和示踪物测量技术的发展，国内外学者开展了大量对 VOCs 物种影响 SOA 生成的化学机理及贡献程度进行定量分析的研究。基于烟雾箱试验研究 SOA 的生成，使 VOCs 与其中的氧化剂在烟雾箱中反应，并提供非均相成核表面，测量颗粒物的生成量，建立 SOA 与 VOCs 前体物之间的关系。Grosjean 假设 VOCs 生成 SOA 的产率是固定不变的，并根据烟雾箱试验的结果提出了气溶胶生成系数（Fractional Aerosol Coefficient，FAC）的概念，即消耗单位质量的 VOCs 可以生成 SOA 的量，用来反映 SOA 生成与 VOCs 初始浓度之间的关系，并对多种 VOCs 的气溶胶生成系数进行了测定。

环境大气的总 SOA 生成潜势（Aerosol Formation Potentials，AFPs）就是各种污染组分的大气浓度与其气溶胶生成系数乘积的加和。VOCs 各化学组分对 AFPs 的贡献与 OFP 有很大的不同，仅有芳香烃和烷烃作用于 SOA 生成，且以芳香烃为绝对主导。2021 年银川市 AFPs 均值为 3.39 μg/m³，所有组分中对 AFPs 贡献最

大的为 C_8 芳香烃，贡献率为 36.9%，其次为 C_6 芳香烃和 C_7 芳香烃，贡献率分别为 25.6%和 25.5%，其余组分贡献率均低于 10%（注：C_6、C_7、C_8、C_9 和 C_{10} 分别表示含不同碳数的芳香烃，其中 C_6 为苯、C_7 为甲苯、C_8 包括间/对二甲苯、邻二甲苯、乙苯和苯乙烯，C_9 包括异丙苯、正丙苯、1-乙基-2-甲基苯、1-乙基-3-甲基苯、1,3,5-三甲基苯、1,2,3-三甲基苯、1,2,4-三甲基苯，C_{10} 包括 1,3-二乙基苯和对二乙苯）。

2021 年银川市整体的臭氧生成潜势和颗粒物生成潜势如图 5-5 所示。2021 年环境大气 VOCs 组分中对臭氧生成贡献排名前 10 的组分占总 OFP 值的 62.2%，其中包含 4 种烯烃、3 种芳香烃、3 种 OVOCs。OFP 值排名前 3 的组分是乙醛（30.10 μg/m³）、乙烯（27.81 μg/m³）和间/对二甲苯（16.21 μg/m³），表明 2021 年银川市臭氧生成受溶剂使用源和工业排放影响较大。芳香烃中，苯、甲苯、间/对二甲苯、邻二甲苯和乙苯是对颗粒物生成贡献前 5 的组分，其余依次为苯乙烯、1,2,4-三甲基苯、间乙基甲苯、1,4-二乙基苯和邻乙基甲苯，高碳烷烃对 AFP 的贡献可忽略不计。

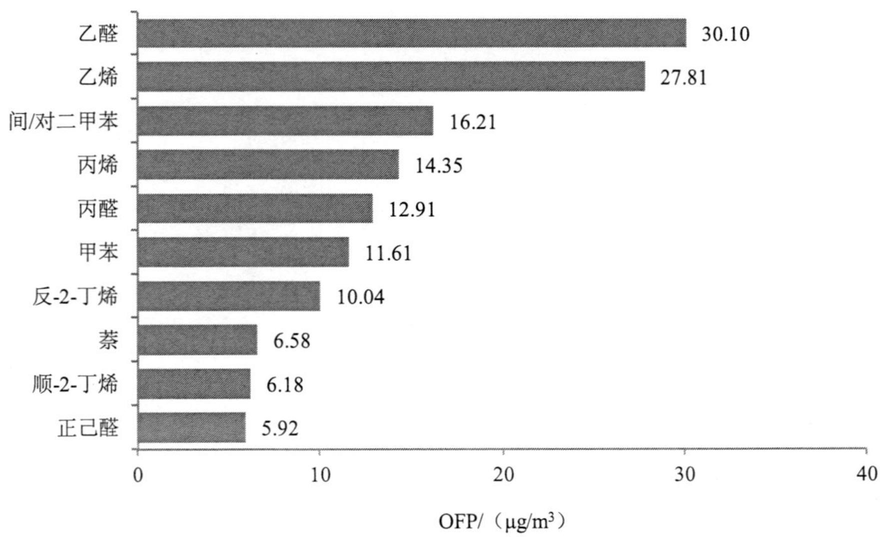

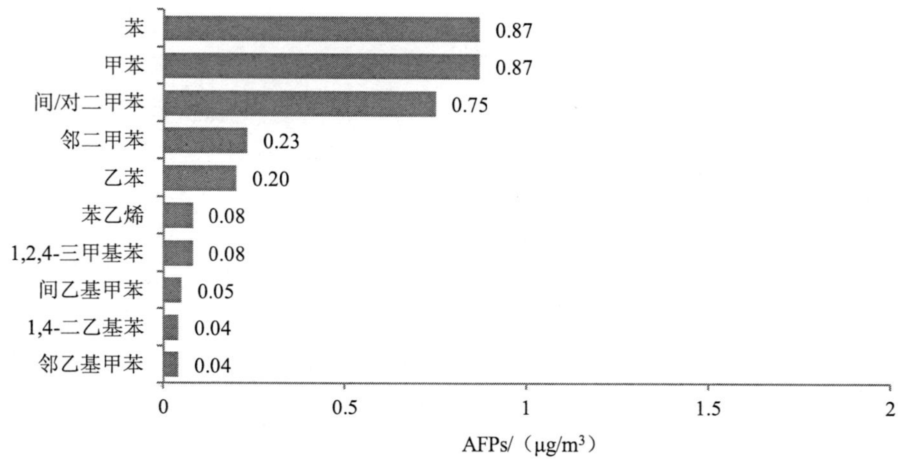

图 5-5　2021 年银川市对臭氧和颗粒物生成起关键作用的 VOCs 组分

5.3　挥发性有机物（VOCs）的来源解析

5.3.1　比值法

挥发性有机物物种间的比值能够反映其来源组成的信息。两种·OH 本相当的同源 VOCs 物种对，其环境浓度的比值应与其主要排放源中的比值保持一致。物种比值法可排除气象因素和物理因素，如干湿沉降等的干扰，通过两种特征的 VOCs 物种对的算术均值或几何均值的比值（或线性拟合的斜率）可初步判断该区域大气中 VOCs 的可能来源及相对重要性。甲苯与苯的比值（T/B）是一种常用的识别芳香烃来源的指标。图 5-6 给出了不同季节 T/B 的分布，2021 年 T/B 较为集中在 2.0 以下，其中，春季 T/B 集中在 1.0 以下，夏季 T/B 集中在 1.5 左右，秋季 T/B 集中在 1.5 以下，冬季 T/B 集中在 1.0 以下，可以看出，燃烧源的影响主要在冬季和春季，工业源的影响主要在冬季和夏季。

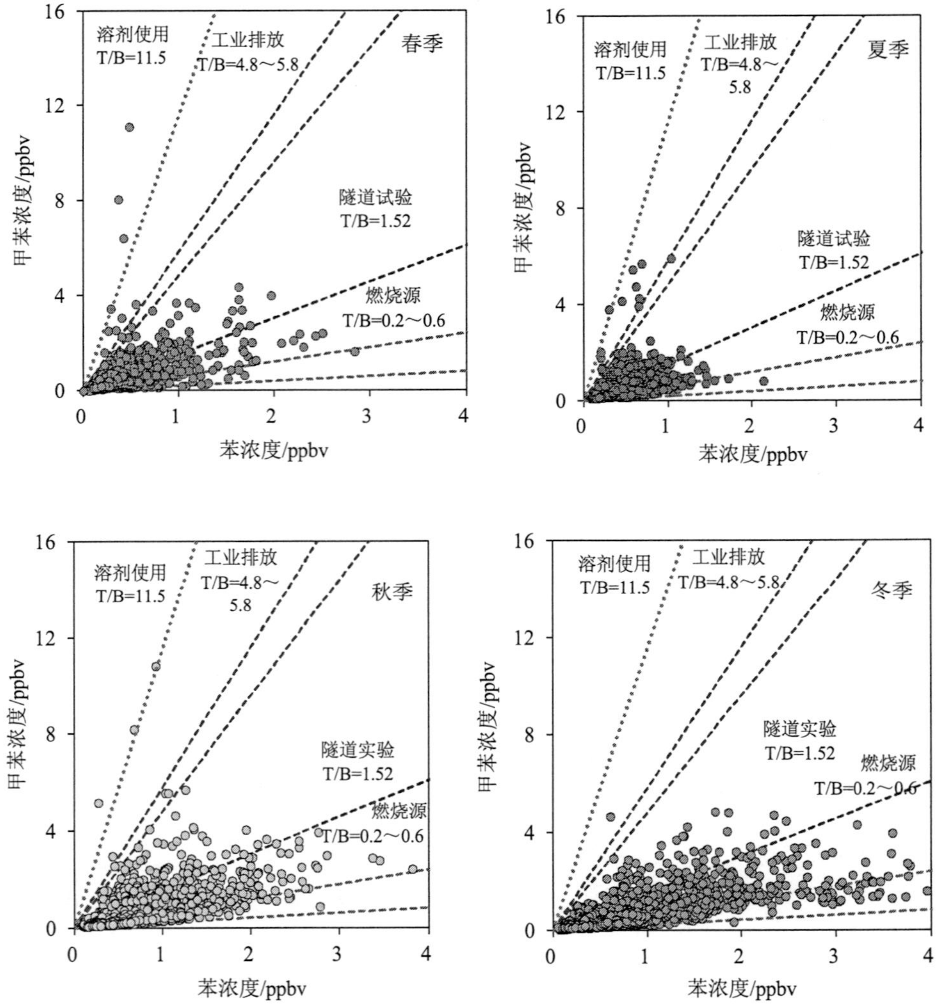

图 5-6　2021 年银川市 T/B 分布

5.3.2　PMF 来源解析

用正定矩阵因子（PMF5.0）受体模型法，对 2021 年开展 VOCs 的来源解析。经过初算和多次优化调试，在对 VOCs 源成分谱和源排放特征有充分认知的基础上，对 PMF 模型获得的因子谱图进行解读。银川市大气 VOCs 共解析出六大类源，分别为燃烧源、油品挥发源、工业源、移动源、溶剂使用源和其他。

2021 年银川市挥发性有机物来源解析结果显示，银川市 VOCs 主要来源是油品挥发源（24.7%）、燃烧源（21.5%）、工业源（18.5%），其余依次为溶剂使用源（14.4%）、移动源（13.8%）、其他（7.1%）。

针对臭氧污染超标月（7—8 月）和 $PM_{2.5}$超标月（12 月至翌年 1 月）开展挥发性有机物的来源解析。解析结果显示，在臭氧污染超标月，7 月 VOCs 来源主要为移动源（27.8%）、工业源（21.6%）、燃烧源（17.0%）、天然源（14.4%）、油品挥发源（12.8%）、溶剂使用源（6.4%）。8 月银川市 VOCs 来源主要为移动源（28.2%）、燃烧源（20.8%）、工业源（19.7%）、溶剂使用源（14.2%）、天然源（9.1%）、其他（7.9%）。在 $PM_{2.5}$超标月，1 月 VOCs 来源主要为移动源（41.3%）、油品挥发源（29.5%）、溶剂使用源（16.5%）、石油化工及天然源（12.7%）。12 月 VOCs 来源主要为移动源（24.7%）、燃烧源（20.5%）、油品挥发源（16.8%）、溶剂使用源（16.3%）、工业源（14.0%）、其他（7.7%）。可以看出从全年来说，油品挥发源、燃烧源及工业源是银川市挥发性有机物的主要来源，从臭氧和 $PM_{2.5}$ 的污染集中月份来看，移动源、燃烧源和工业源的占比居前 3 位。

5.4　大气颗粒物组分的污染特征

5.4.1　大气颗粒物组分的变化特征

2021 年 $PM_{2.5}$年均浓度为 31 μg/m^3，其中，碳组分浓度为 4.8 μg/m^3，占比为 15.4%，OC、EC 浓度分别为 4.1 μg/m^3、0.7 μg/m^3；水溶性离子浓度为 23.1 μg/m^3，占比为 74.0%，硝酸根离子、硫酸根离子、铵根离子、氯离子、钙离子、钾离子浓度分别为 4.8 μg/m^3、5.8 μg/m^3、6.1 μg/m^3、2.0 μg/m^3、2.4 μg/m^3、0.7 μg/m^3；地壳元素、微量元素分别为 3.1 μg/m^3、0.2 μg/m^3。组分中占比排前 3 位的分别为铵根离子、硫酸根离子、硝酸根离子，占比分别为 19.6%、18.6%、15.4%，有机碳、地壳元素、钙离子占比分别为 13.1%、9.9%、7.7%。

从月份来看（表 5-1），OC、EC、硝酸根离子在 10—12 月占比较高；硫酸根离子、铵根离子在 7—9 月占比较高；钾离子在 2 月、8 月占比较高；钙离子在

1—3 月占比较高，地壳元素在 1—3 月、5—6 月占比较高。说明银川市在 2 月、8 月受到燃烧源的影响较大，1—3 月、5—6 月受尘类源影响较大，7—9 月受农业源影响较大，10—12 月受移动源影响较大。

表 5-1 2021 年银川市 1—12 月 $PM_{2.5}$ 重要组分占比 单位：%

月份	OC	EC	Cl^-	NO_3^-	SO_4^{2-}	NH_4^+	K^+	Ca^{2+}	其他水溶性离子	地壳元素	微量元素
1	15.2	2.9	5.1	13.4	15.0	14.3	0.7	15.9	7.5	9.5	0.7
2	16.0	2.1	9.5	17.8	17.1	15.5	6.5	10.0	5.6		
3	9.3	1.3	8.7	9.2	13.5	21.1	0.8	16.2	4.3	14.8	0.8
4	7.0	1.0	4.0	20.6	29.4	17.6	0.5	7.5	3.5	7.5	1.3
5	15.9	2.6	9.9	5.3	14.6	11.9	2.0	3.3	3.3	29.8	1.3
6	10.0	1.8	5.5	12.3	18.7	26.0	3.2	1.8	1.8	17.8	0.9
7	12.8	2.6	6.4	9.6	27.6	23.1	3.8	0.6	1.3	11.5	0.6
8	14.6	2.2	3.8	10.3	22.7	31.9	5.9	0.5	1.1	6.5	0.5
9	14.4	2.9	3.4	15.5	25.9	23.0	1.7	0.6	3.4	8.0	1.1
10	17.5	3.1	3.1	24.9	18.8	21.0	1.3	0.4	2.2	7.0	0.9
11	16.0	3.0	3.6	22.5	20.4	18.0	0.9	4.1	2.1	8.6	0.9
12	20.3	3.5	4.3	22.3	20.3	17.4	0.9	2.9	2.0	5.2	0.9

5.4.2 大气颗粒物组分相关性分析

对银川市 $PM_{2.5}$ 组分相关性分析（表 5-2）发现，$PM_{2.5}$ 浓度与地壳元素、钙离子相关性较高，相关系数均超过 0.5，说明 2021 年银川市 $PM_{2.5}$ 受尘类源影响最大。有机碳与元素碳、硝酸根离子相关性较强，受移动源影响较大；氯离子与硫酸根离子、钾离子相关性较强，受生物质燃烧和燃煤源影响较大；硝酸根离子与铵根离子相关性较强，说明硝酸根离子主要以铵盐的形式存在；钙离子、地壳元素相关性也较强，受同一污染源尘类源影响较大。

表 5-2　2021 年银川市 $PM_{2.5}$ 组分相关性分析

	有机碳	元素碳	氯离子	硝酸根离子	硫酸根离子	铵根离子	钾离子	钙离子	地壳元素	微量元素	$PM_{2.5}$
有机碳	1	0.807**	0.319**	0.649**	0.411**	0.486**	0.169**	0.254**	0.198**	0.257**	0.431**
元素碳		1	0.219**	0.629**	0.351**	0.484**	0.100**	0.075**	−0.011	0.221**	0.247**
氯离子			1	0.146**	0.645**	0.260**	0.887**	0.221**	0.308**	0.352**	0.388**
硝酸根离子				1	0.537**	0.708**	0.076**	0.100**	−0.037**	0.158**	0.240**
硫酸根离子					1	0.560**	0.594**	0.082**	−0.009	0.190**	0.247**
铵根离子						1	0.067**	0.221**	0.032*	0.188**	0.282**
钾离子							1	−0.002	0.123**	0.091**	0.128**
钙离子								1	0.563**	0.291**	0.566**
地壳元素									1	0.488**	0.736**
微量元素										1	0.427**
$PM_{2.5}$											1

注：** 为在 0.01 水平（双侧）上显著相关；
　　* 为在 0.05 水平（双侧）上显著相关。

由环境空气质量污染等级（图 5-7）来看，相对优良天，轻度污染天硝酸根离子、硫酸根离子、铵根离子上升幅度最大，也是主要贡献组分，说明轻度污染天主要受二次源影响。中度至严重污染天阳性水溶性离子、地壳元素、微量元素上升幅度均较大，其中地壳元素、微量元素为主要贡献组分，说明中度至严重污染天主要受尘类源影响。

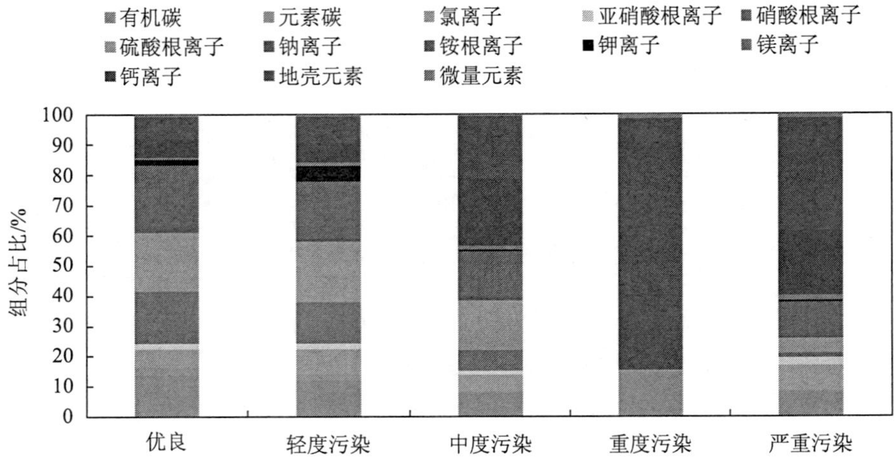

图 5-7 2021 年银川市不同污染等级 $PM_{2.5}$ 主要组分占比

5.5 大气颗粒物的来源解析

用正定矩阵因子（PMF5.0）受体模型法对银川市 2021 年 $PM_{2.5}$ 来源解析。不确定度采用 PMF5.0 用户手册计算方法，MDL 通过标气七次测量标准偏差计算，误差率设定为 10%。离群数据较多物种设置为 Weak 或 Bad，以降低其权重影响；运行 20 次，第 11 次运行结果标度残差 Q_T/Q_R 值最佳。

PMF 源解析结果显示：2021 年银川市 $PM_{2.5}$ 主要来源分别是二次源（30.5%）、尘类源（30.5%）、燃烧源（15.7%）、移动源（9.5%）、工业源（4.7%）、其他（9.1%）。同时，针对 $PM_{2.5}$ 污染较重的冬季（1 月、2 月、12 月）进一步开展源解析，解析结果表明 2021 年银川市冬季 $PM_{2.5}$ 主要来源由高到低依次为二次源（36.68%）、交通源（23.41%）、尘类源（13.95%）、工业源（9.99%）、燃烧源（9.03%）、其他（6.95%）。

5.6 本章小结

（1）2021 年银川市 VOCs 组分中烷烃，占比为 38.2%，OVOCs 和卤代烃占比分别为 21.5%和 11.5%，乙炔占比为 11.1%，卤代烃占比为 10.0%，芳香烃占比为 7.4%，其他组分占比仅为 0.2%。对银川市臭氧浓度贡献较大的组分有乙醛、乙烯、间/对二甲苯、丙烯和丙醛等物质，苯、甲苯、间/对二甲苯、邻二甲苯和乙苯是对颗粒物生成贡献最大的组分。2021 年银川市 PMF 挥发性有机物来源解析结果显示，银川市 VOCs 来源主要是油品挥发源（24.7%）、燃烧源（21.5%）、工业源（18.5%），其余依次为溶剂使用源（14.4%）、移动源（13.8%）、其他（7.1%）。从全年来看，油品挥发源、燃烧源及工业源是银川市挥发性有机物的主要来源，从臭氧和 $PM_{2.5}$ 的污染集中月份来看移动源、燃烧源和工业源的占比居前 3 位。

（2）2021 年银川市 $PM_{2.5}$ 组分中占比居前 3 位的分别为铵根离子、硫酸根离子、硝酸根离子，占比分别为 19.6%、18.6%、15.4%，有机碳、地壳元素、钙离子占比分别为 13.1%、9.9%、7.7%。PMF 源解析结果显示：2021 年银川市 $PM_{2.5}$ 主要来源分别是二次源（30.5%）、尘类源（30.5%）、燃烧源（15.7%）、移动源（9.5%）、工业源（4.7%）、其他（9.1%）。

第6章

银川市大气颗粒物和臭氧综合来源解析

6.1 轨迹聚类分析及潜在源分析

HYSPLIT 模型广泛应用于跟踪气流携带的粒子或气体的移动方向、分析污染物的来源和传输路径等方面。选取银川市（38.47°N，106.27°E）作为空气质量的代表点位，计算 2021 年逐日 8 时（北京时间）到达代表点位的 72 h 后向气流轨迹，对获得各季度的轨迹进行聚类分析。轨迹计算起始高度为 500 m，并结合各季度气流所对应的污染物浓度进行统计分析。研究区域按 0.25°×0.25°划分网格计算 CWT。

由 2021 年年度聚类分析可知，来自甘肃北部、内蒙古中西部的西北气流（聚类 2）和内蒙古中部的东北气流（聚类 4）的输送轨迹最长，其次是来自内蒙古西部的西北气流（聚类 3），气流轨迹最短的是来自陕西西南部、甘肃东北部的东南气流（聚类 1），这表明东南气团移动速度最快，其次是西北气团，移动速度最慢的是北方气团。从比例来看，东南方向气流轨迹 1 占总轨迹的比例最高，达 35.50%，西北短气流（聚类 3）占比次高，为 32.19%，西北长气流（聚类 2）占比第三，为 23.39%；东北气流轨迹占总轨迹数的比例最低，仅 8.92%。从对污染物影响程度来看，在西北长气流 2 下和东北气流 4 下银川市 $PM_{2.5}$ 浓度较高，对银川市 $PM_{2.5}$ 浓度影响较大，另外，气流 4 占比远小于气流 2 占比，说明气流 2 对银川市 $PM_{2.5}$

浓度影响更大，可能受沙尘污染影响较大。在东南气流 1 下的 O_3 浓度最高，可能受到东南方向臭氧前体物排放影响较大（表 6-1、图 6-1）。

表 6-1　2021 年银川市气流轨迹占比

气流轨迹	1	2	3	4
占比/%	35.50	23.39	32.19	8.92
O_3 浓度/（$\mu g/m^3$）	68.26	56.86	53.69	65.35
$PM_{2.5}$ 浓度/（$\mu g/m^3$）	30.67	34.84	33.21	37.64

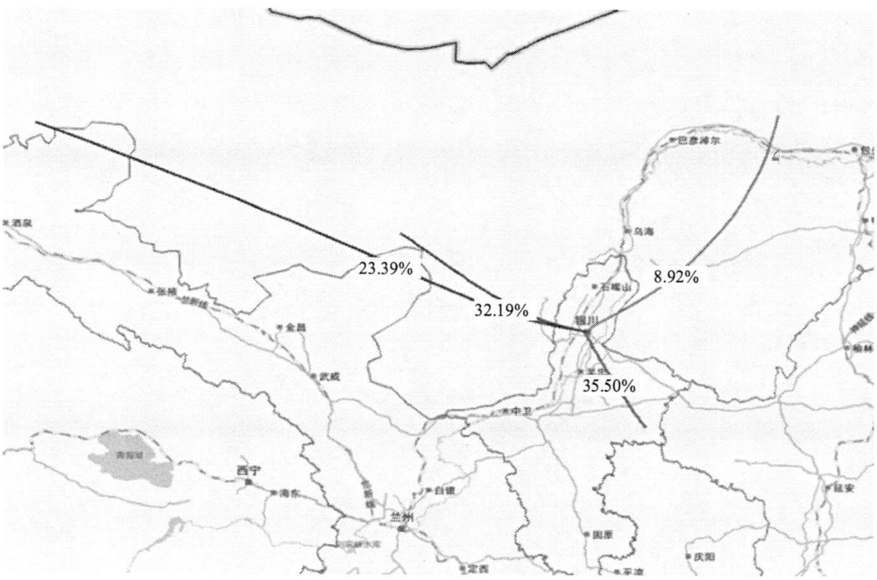

图 6-1　2021 年银川市气流轨迹聚类

银川市不同季节后向轨迹聚类分布结果如表 6-2 和图 6-2 所示。由聚类分析结果可知，银川市各季节污染物传输通道主要有 4 条，3 条远距离通道，1 条近距离通道，除冬季以外，其他 3 个季节主要受近距离传输气流影响较大。春季来自银川东南方向的气流轨迹（轨迹 2）影响最大，占当季气流轨迹分布的 45.59%；夏季来自银川东侧鄂尔多斯市方向的轨迹最多，占当季气流的 44.46%；秋季来自北侧内蒙古方向的气流轨迹最多，占当季气流轨迹总数的 40.54%；冬季气流主要来自银川市西北侧，其中途经内蒙古和甘肃的气流轨迹最多，占当季气流轨迹的 40.71%。

表 6-2　2021 年银川市各类轨迹污染物浓度特征

轨迹类型	$PM_{2.5}$浓度/（μg/m^3）				O_3浓度/（μg/m^3）			
	春季	夏季	秋季	冬季	春季	夏季	秋季	冬季
1	22.2	20.1	23.6	23.2	61.2	82.0	62.5	56.5
2	28.8	17.4	30.7	41.8	68.7	102.1	39.9	33.2
3	24.1	15.5	27.7	40.0	79.3	102.9	46.4	43.8
4	19.4	16.3	31.6	33.1	65.1	89.8	46.1	42.9

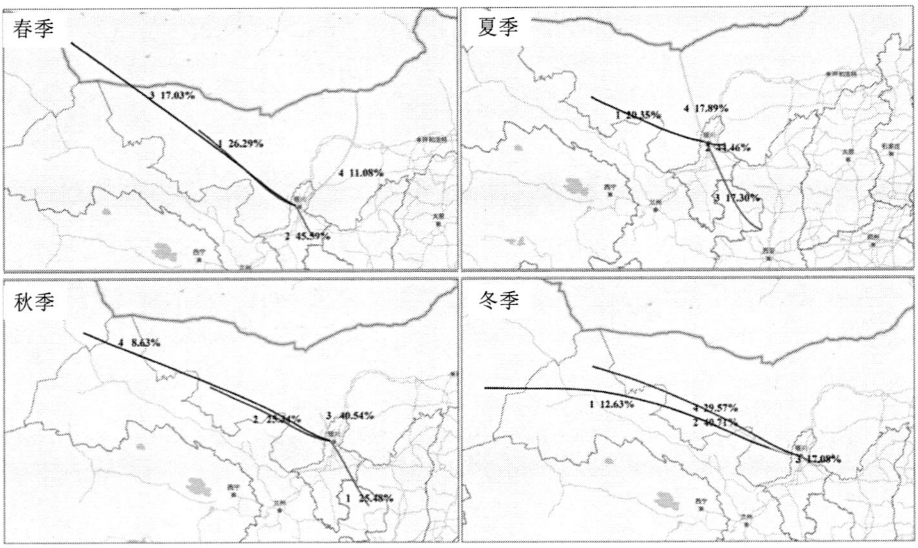

图 6-2　2021 年银川市后向轨迹聚类的季节分布

基于各季节气流后向轨迹聚类分析结果，对各类轨迹的对应 $PM_{2.5}$ 和 O_3 浓度进行统计分析。由表 6-2 可知，相比之下，冬季 $PM_{2.5}$ 浓度最高，其中，来自西北方向途经阿拉善盟南部和武威市东北部的气流轨迹对应的 $PM_{2.5}$ 浓度最高，为 41.8 μg/m^3。这是由于冬季北方地区处于采暖季，燃煤电厂和农村居民燃煤及生物质燃烧排放大量 $PM_{2.5}$，受西北方向气流影响，携带 $PM_{2.5}$ 到达银川市。

夏季 O_3 浓度最高，其中，来自东南方向途经吴忠市的气流轨迹对应的 O_3 浓度最高，为 102.9 μg/m^3；其次，东侧途经鄂尔多斯市的气流轨迹对应的 O_3 浓度较高，为 102.1 μg/m^3。夏季银川市 O_3 浓度较高受近距离传输气流的影响较大。

利用 HYSPLIT 模型对后向轨迹进行分析，可初步判定影响银川市 $PM_{2.5}$ 和 O_3 浓度的气团主要方位和位置，但无法具体确定潜在源区对银川市的相对贡献度。选取银川市（38.47°N，106.27°E）作为空气质量的代表点位，使用 MeteoInfo_3.3.0 对银川市各季节气流轨迹及 O_3 和 $PM_{2.5}$ 进行分析，潜在源分析（PSCF）结果，如图 6-3、图 6-4 所示。$PM_{2.5}$ 与 O_3 PSCF 高值的分布范围相似，主要在银川市周边，涉及区域主要为阿拉善盟、石嘴山市、吴忠市和鄂尔多斯市等。对比不同季节，春季潜在源分布范围相对最大，秋季、冬季分布范围较小，潜在源主要分布在银川市西北方向。

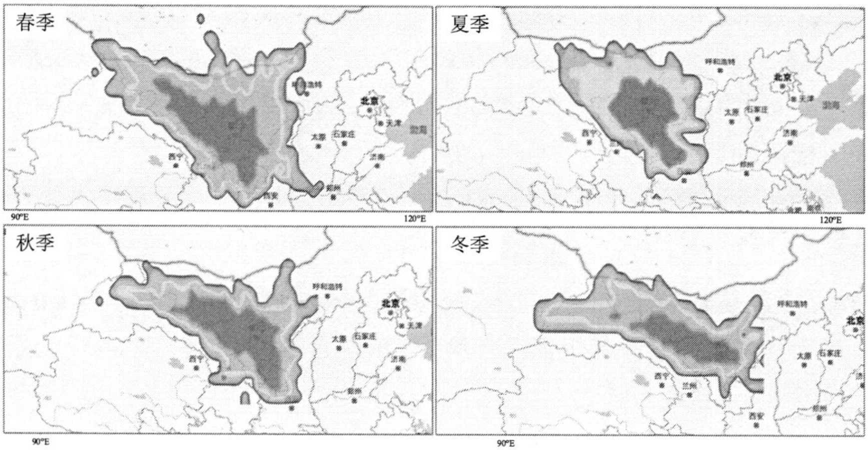

图 6-3　2021 年银川市 $PM_{2.5}$ 潜在源贡献的季节分布

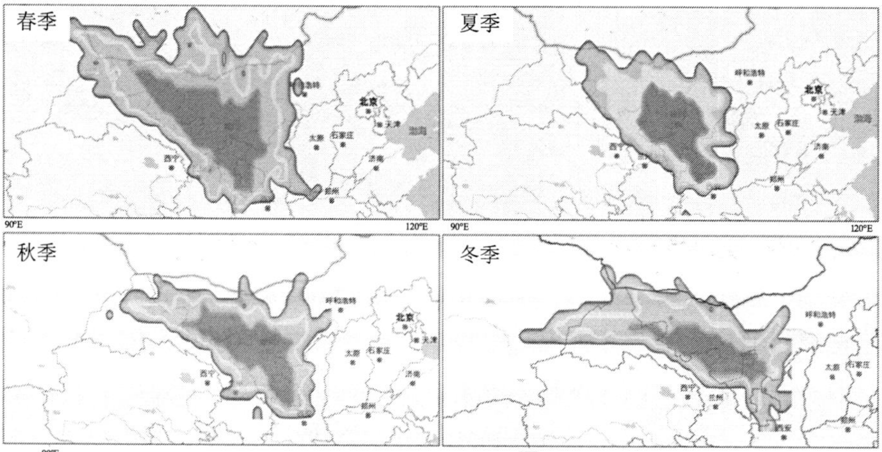

图 6-4　2021 年银川市 O_3 潜在源贡献的季节分布

6.2 银川市大气颗粒物和臭氧综合来源解析

6.2.1 $PM_{2.5}$来源解析

由于银川市及其周边地区复杂的地形条件以及各区域不同的污染物排放特征等因素，银川市及其周边地区的污染物传输呈现明显的“传输通道”特征。总体来看，2021 年银川市及周边地区空气质量存在显著影响的 $PM_{2.5}$ 传输路径主要有两个：一是西北路径，$PM_{2.5}$ 主要来自银川市西北方向的阿拉善盟；二是东北路径，污染物主要来自银川市东北方向的鄂尔多斯市、乌海市以及石嘴山市。南部近距离传输对银川市 $PM_{2.5}$ 浓度也存在一定影响。

从区域传输来看，银川市春季 $PM_{2.5}$ 首要来源于 ICBC（边界场远距离传输及初始场）（浓度为 12.4 μg/m³，贡献率为 39.4%），其次来源于银川市本地（浓度为 9.5 μg/m³，贡献率为 30.2%）；夏季首要来源与春季相同为 ICBC（浓度为 6.6 μg/m³，贡献率为 41.5%），其次来源于银川市本地（浓度为 4.1 μg/m³，贡献率为 25.8%）；银川市秋季 $PM_{2.5}$ 首要贡献源为 ICBC（浓度为 6.7 μg/m³，贡献率为 28.0%）和本地贡献（浓度为 6.6 μg/m³，贡献率为 27.6%），近距离传输贡献较大的区域为阿拉善盟（浓度为 2.5 μg/m³，贡献率为 10.5%）和石嘴山市（浓度为 2.9 μg/m³，贡献率为 12.1%）；银川市冬季 $PM_{2.5}$ 首要贡献源为银川市本地（浓度为 9.9 μg/m³，贡献率为 27.3%）和 ICBC（浓度为 9.7 μg/m³，贡献率为 26.7%），近距离传输贡献较大的区域为石嘴山市（浓度为 6.8 μg/m³，贡献率为 18.7%）和阿拉善盟（浓度为 3.1 μg/m³，贡献率为 8.5%）。

整体来看，除了本地贡献，ICBC 贡献是各季节 $PM_{2.5}$ 的首要来源，夏季与春季贡献相对较大，贡献率达 39%以上，秋季与冬季相对较小，贡献率低于 30%。近距离传输区域，石嘴山市夏季对银川市 $PM_{2.5}$ 贡献最小，冬季贡献最大，冬季贡献率较夏季增加约 9 个百分点。

从行业贡献来看，银川市春季 $PM_{2.5}$ 主要来源为非电力工业源、电力源、居民源、交通源、农业源，占比分别为 41.1%、22.1%、16.8%、12.6%、7.4%。银川市夏季 $PM_{2.5}$ 主要来源为非电力工业源、电力源、居民源、交通源、农业源，占比分别为 46.3%、26.8%、2.4%、9.8%、14.6%；银川市秋季 $PM_{2.5}$ 主要来源为非电力工业源、电力源、居民源、交通源、农业源，占比分别为 36.4%、36.4%、4.5%、13.6%、9.1%；银川市冬季 $PM_{2.5}$ 主要来源为非电力工业源、电力源、居民源、交通源、农业源，占比分别为 32.3%、33.3%、10.1%、16.2%、8.1%。

银川市春季和夏季 $PM_{2.5}$ 首要来源为非电力工业源，贡献率分别为 41.5%和 46.3%，其次为电力源，贡献率分别为 22.1%和 26.8%。银川市秋季 $PM_{2.5}$ 首要来源为非电力工业源和电力源，两者贡献率相同，均为 36.4%；冬季 $PM_{2.5}$ 首要来源为电力源，贡献率为 33.3%，其次为非电力工业源，贡献率为 32.3%。各季节电力源和非电力工业源是 2021 年银川市 $PM_{2.5}$ 的主要来源，建议加强对该类源的管控。

6.2.2　臭氧来源解析

O_3 传输路径与 $PM_{2.5}$ 传输通道相似，其主要传输路径有 3 个：一是西北路径，污染物主要来自银川市西北方向的阿拉善盟；二是东北路径，污染物主要来自银川市东北方向的鄂尔多斯市、乌海市以及石嘴山市；三是东南路径，污染物主要来自银川市东南方向的吴忠市和庆阳市。

从区域传输来看，银川市春季 O_3 主要来源除了本地贡献（浓度为 12.7 μg/m^3，贡献率为 30.5%），主要为 ICBC（浓度为 4.8 μg/m^3，贡献率为 11.5%）、石嘴山市（浓度为 4.6 μg/m^3，贡献率为 11.1%）、吴忠市（浓度为 3.8 μg/m^3，贡献率为 9.1%）、阿拉善盟（浓度为 3.0 μg/m^3，贡献率为 8.3%）；银川市夏季 O_3 主要来源除了本地贡献（浓度为 23.3 μg/m^3，贡献率为 37.9%），贡献率较大区域是吴忠市（浓度为 7.0 μg/m^3，贡献率为 11.4%）、ICBC（浓度为 6.4 μg/m^3，贡献率为 10.4%）、阿拉善盟（浓度为 5.1 μg/m^3，贡献率为 8.3%）、石嘴山市（浓度为 3.5 μg/m^3，贡献率为 5.7%）；冬季和秋季 O_3 首要贡献源为 ICBC，贡献率分别为 25.4%、25.1%，其次为银川市本地贡献，贡献率分别为 22.7%、26.9%。整体来看，春季和夏季 O_3 主要来源相似，最大来源为银川市本地贡献，贡献率达 30.0%以上。秋季和冬季本地贡献率相对降低，ICBC 贡献率增加，较春、夏两季上升了 10%以上。2021 年银川市 O_3 主要区域来源为阿拉善盟、石嘴山市、吴忠市等。

从行业贡献来看，银川市春季 O_3 主要来源为非电力工业源、电力源、居民源、交通源、农业源，占比分别为 22.8%、32.3%、6.3%、33.1%、5.5%；银川市夏季

O_3主要来源为非电力工业源、电力源、居民源、交通源、农业源，占比分别为 26.2%、27.0%、10.3%、33.0%、3.4%；银川市秋季 O_3 主要来源为非电力工业源、电力源、居民源、交通源、农业源，占比分别为 23.3%、26.7%、11.7%、33.3%、5.0%；银川市冬季 O_3 主要来源为非电力工业源、电力源、居民源、交通源、农业源，占比分别为 26.1%、30.4%、4.3%、32.6%、6.5%。

银川市四季 O_3 首要来源均为交通源，贡献率分别为 33.1%、33.0%、33.3%、32.6%，各季节对银川市 O_3 贡献率相差较小，均在 30.0%以上；其次为电力源，贡献率分别为 32.3%、27.0%、26.7%和 30.4%。交通源、电力源和非电力工业源是 2021 年银川市 O_3 的主要来源，建议加强对该类源的管控。

6.2.3 污染时期和清洁时期对比分析

根据 $PM_{2.5}$ 污染等级划分标准，将受体城市 $PM_{2.5}$ 污染程度划分为污染天（实际监测日均浓度大于 75 μg/m^3）和清洁天（实际监测日均浓度小于等于 75 μg/m^3）进行分析，并将沙尘天全部删除，统计结果如下所示：污染天和清洁天传输通道基本一致，均为东北传输通道和西北传输通道，银川市本地贡献分别为 21.0 μg/m^3 和 5.7 μg/m^3，占比分别为 26.0%和 29.1%，污染天银川市本地贡献占比较清洁天上升 3.1 个百分点，则污染天银川市本地排放增加是造成空气质量较差的原因之一。

从区域传输来看，污染天银川市 $PM_{2.5}$ 浓度传输贡献较大的区域为石嘴山市（浓度为 17.2 μg/m^3，贡献率为 21.3%）、ICBC（浓度为 17.0 μg/m^3，贡献率为 21.1%）和阿拉善盟（浓度为 6.5 μg/m^3，贡献率为 8.1%）；清洁天贡献较大的区域为 ICBC（浓度为 7.8 μg/m^3，贡献率为 39.8%）、银川市本地（浓度为 5.7 μg/m^3，贡献率为 29.1%）、石嘴山市（浓度为 1.9 μg/m^3，贡献率为 9.7%）和阿拉善盟（浓度为 1.7 μg/m^3，贡献率为 8.7%）。对比来看，污染天贡献占比较清洁天显著增长的区域为 ICBC、石嘴山市和银川市，其中，石嘴山市贡献占比增加了 11.6 个百分点，因此，北部来自石嘴山市的近距离传输和本地污染排放的增加是污染天 $PM_{2.5}$ 浓度超标的重要原因之一。

从行业贡献来看，电力源与非电力工业源是银川市 $PM_{2.5}$ 的主要贡献源。相比之下，污染天电力源、农业源和居民源贡献占比较清洁天上升，其中电力源增加了 10.4 个百分点。因此，电力源是 2021 年银川市 $PM_{2.5}$ 污染天主要来源之一。

根据 O_3 污染等级划分标准，将受体城市 O_3 污染程度划分为污染天（实际监测臭氧 8 h 日均浓度大于 160 μg/m³）和清洁天（实际监测臭氧 8 h 日均浓度小于等于 160 μg/m³）进行分析，统计结果如下所示：污染天和清洁天传输通道相似，均为东北传输通道、西北传输通道和南传输通道，银川市本地贡献分别为 40.8 μg/m³ 和 8.9 μg/m³，占比分别为 27.6%和 33.6%，污染天银川市本地贡献较清洁天占比下降了 6 个百分点，则污染天区域传输是造成空气质量较差的原因之一。

从区域传输来看，污染天银川市 O_3 浓度传输贡献较大的区域为 ICBC（浓度为 9.8 μg/m³，贡献率为 19.6%）、吴忠市（浓度为 20.0 μg/m³，贡献率为 13.5%）、石嘴山市（浓度为 13.4 μg/m³，贡献率为 9.1%）和阿拉善盟（浓度为 10 μg/m³，贡献率为 6.8%）；清洁天贡献较大的区域为 ICBC（浓度为 5.2 μg/m³，贡献率为 19.6%）、阿拉善盟（浓度为 2.2 μg/m³，贡献率为 8.3%）和吴忠市（浓度为 2.0 μg/m³，贡献率为 7.5%）。

对比来看，污染天贡献占比较清洁天显著降低的区域为 ICBC 和银川市，其中，ICBC 贡献占比降低了 13 个百分点，污染天贡献占比较清洁天明显增加的为石嘴山市和吴忠市，分别增加了 6 个百分点和 1.8 个百分点。因此，南部来自吴忠市，北部来自石嘴山市的近距离传输是污染天 O_3 浓度超标的重要原因。从贡献数值来看，本地排放的增加也是导致污染的重要原因之一。

从行业贡献来看，银川市 O_3 主要来源是交通源、电力源和非电力工业源。清洁天 O_3 首要来源为交通源，贡献率为 34.8%；污染天 O_3 首要来源为电力源，贡献率为 36.0%。相比之下，污染天电力源 O_3 贡献率显著上升，较清洁天增加了 7.1 个百分点，其他源贡献率占比均减小。因此，电力源和交通源是 2021 年银川市 O_3 污染天的主要来源。

6.3　典型污染过程分析

6.3.1　$PM_{2.5}$ 典型污染过程分析

银川市在 2021 年 1 月 19—21 日经历了一次典型性的颗粒物污染过程，19 日日间 $PM_{2.5}$ 浓度仅为 40 μg/m³ 左右，入夜后浓度逐渐增加，20 日 18:00 超过 75 μg/m³，达轻度污染，一直持续至 21 日 13:00 下降至良水平。从污染过程结果来看，垂直输送、水平输送及源排放过程是影响近地面 $PM_{2.5}$ 的主要过程，其他过程（包括云水化学、气溶胶过程和气相化学反应过程）对近地面 $PM_{2.5}$ 浓度影响极小，干沉降过程则表现为轻微的清除作用。水平输送和垂直输送之间的相关系数为 –0.94，呈显著负相关关系，反映大气污染物水平方向辐合（辐散）对应垂直方向的辐散（辐合）。

从整个污染时段（1 月 20 日 18:00 至 21 日 12:00）均值（图 6-5）来看，水平输送及源排放过程对 $PM_{2.5}$ 浓度均为正贡献，贡献占比分别为 78.9%和 21.1%，贡献量分别为 20.6 μg/m^3 和 5.5 μg/m^3。

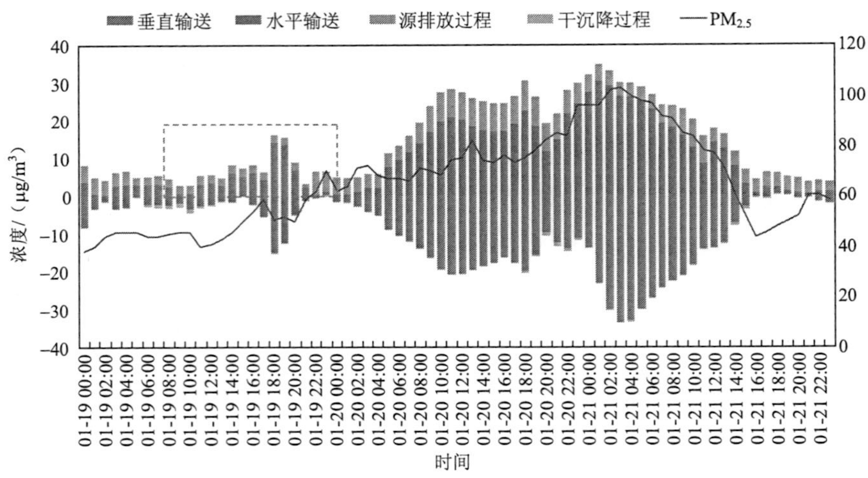

图 6-5 2021 年 1 月 19—21 日各大气过程对近地面 $PM_{2.5}$ 浓度贡献值

结合气溶胶雷达图（图 6-6）可以看到，19 日 2 km 高空有缓慢传输沉降，对应污染过程中垂直输送的正贡献，其间混合层高度逐渐降低，高空污染物不断向下传输，导致近地面 $PM_{2.5}$ 浓度逐步上升，为污染过程提供了较高的本底值。结合图 6-7 来看，银川市主要受均压场中小风扰动形成的辐合风场影响，周边污染物受辐合场影响不断向中心传输，对应污染过程中水平输送贡献增加，同时风场中心风速较小（0～1 级），混合层高度较低，大气扩散条件较差，污染物传输入境后较难扩散，导致近地面 $PM_{2.5}$ 浓度不断增加造成污染。

从区域传输贡献（图 6-8）来看，污染时段银川市本地源贡献较污染前清洁时段上升显著，由 15 μg/m^3 上升至 32 μg/m^3，贡献占比由 46.0%上升至 57.7%，则该次污染过程站点周边本地排放的水平传输是造成污染的主要原因。外来传输中，污染期间远距离传输（ICBC）、阿拉善盟及吴忠市贡献量上升相对明显，则北部及西北部外来传输贡献对银川市本地 $PM_{2.5}$ 污染存在一定的影响。

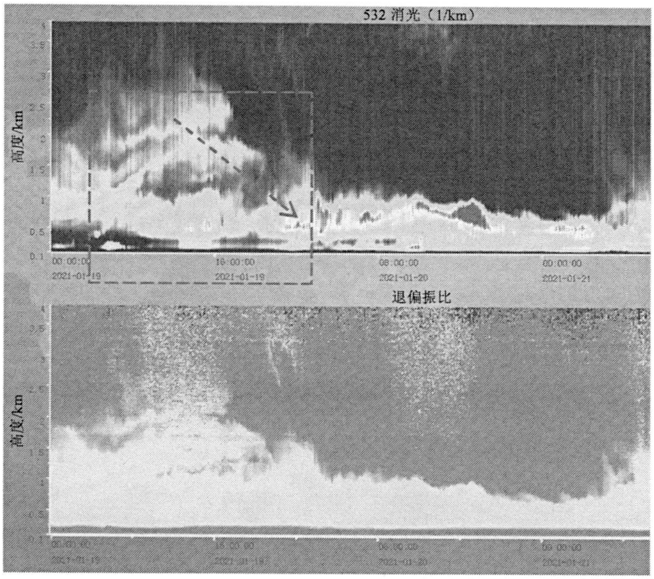

图 6-6　2021 年 1 月 19 日 0:00—21 日 16:00 气溶胶雷达图

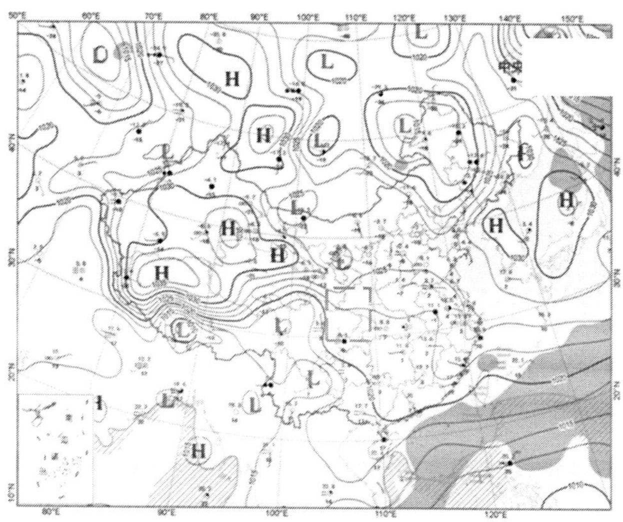

图 6-7　2021 年 1 月 20 日 11:00 地面天气

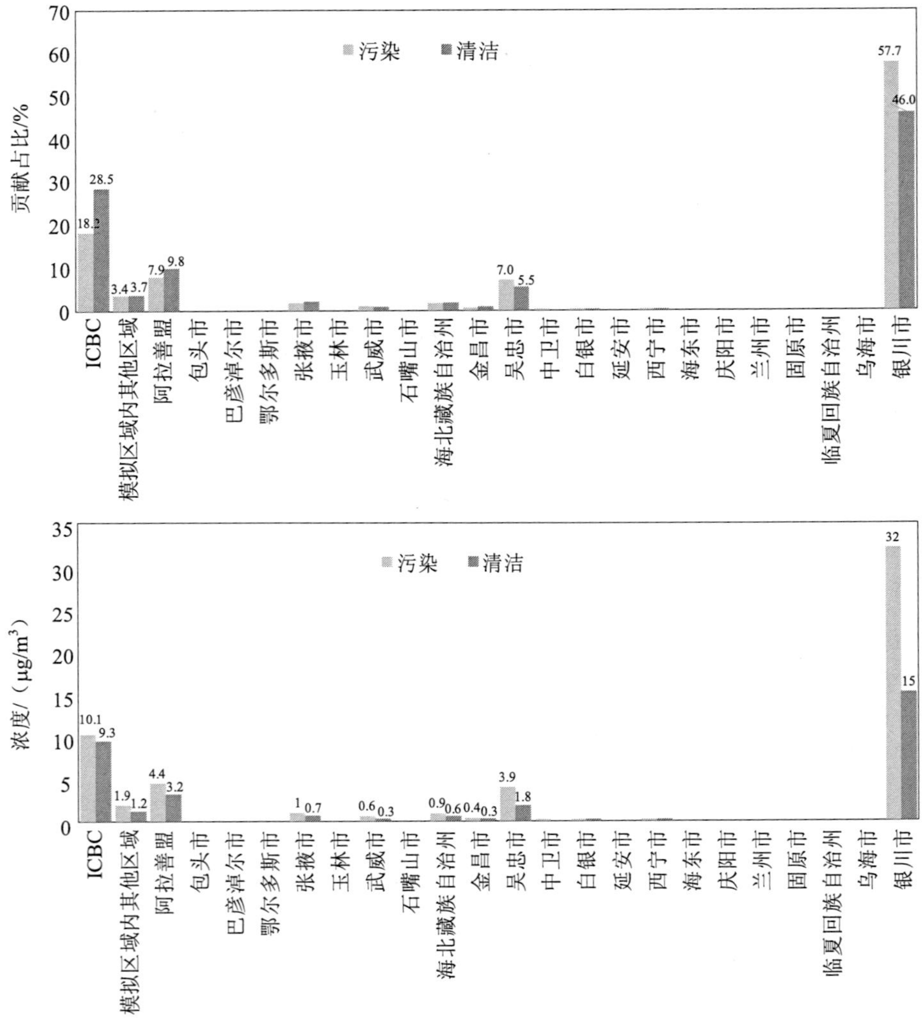

图 6-8　2021 年 1 月 19—21 日各区域对近地面 $PM_{2.5}$ 浓度贡献值及占比

由图 6-9 监测显示，文昌北街站点在两个时段 PM_{10}、$PM_{2.5}$ 浓度出现同步大幅上升，其中 19 日 20:00—23:00 $PM_{2.5}$、PM_{10} 浓度分别上升 1.7 倍、2.3 倍，20 日 18:00 至 21 日 0:00 $PM_{2.5}$、PM_{10} 浓度均上升 1.8 倍；文昌北街站点、学院路站点在 3 个时段 SO_2 浓度均快速上升，其中 19 日 23:00 至 20 日 4:00 分别上升 2.7 倍、2.3 倍，20 日 9:00—12:00 分别上升 2.4 倍、1.9 倍，21 日 10:00—12:00 分别上升 2.7 倍、1.6 倍；上海东路站点在 20 日 20:00 至 21 日 1:00 CO 浓度大幅上升，由

1.8 mg/m^3 上升至 4.1 mg/m^3，同时随着 $PM_{2.5}$ 浓度的上升；贺兰山东路站点 CO 浓度在 19 日 23:00 至 20 日 11:00 和 21 日 4:00—12:00 较其他站点突出明显；全市 5 个国控站点均受到晚高峰的影响较大。研判文昌北街站点受到扬尘源、燃煤源以及晚高峰交通源的影响；学院路站点受到燃煤源及晚高峰交通源的影响；上海东路站点和贺兰山东路站点均受到晚高峰交通源、含碳燃料不完全燃烧的影响。

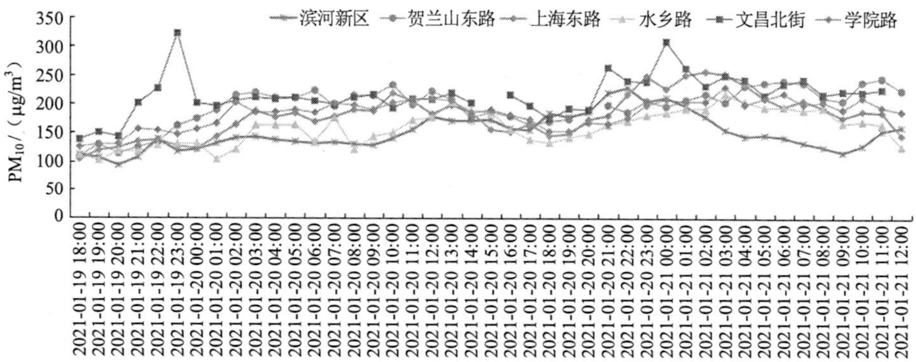

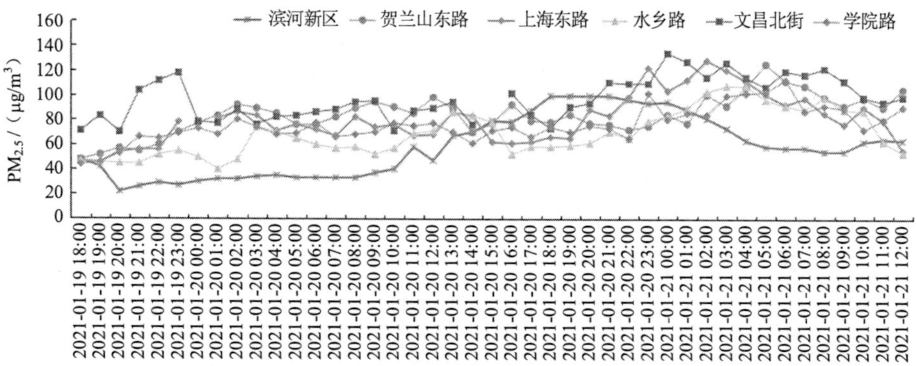

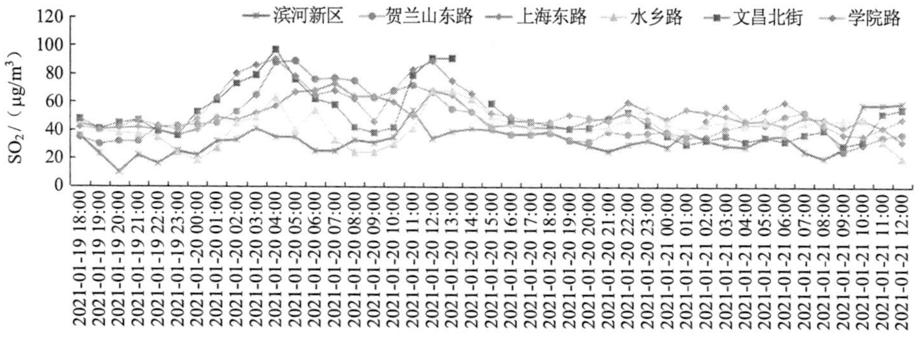

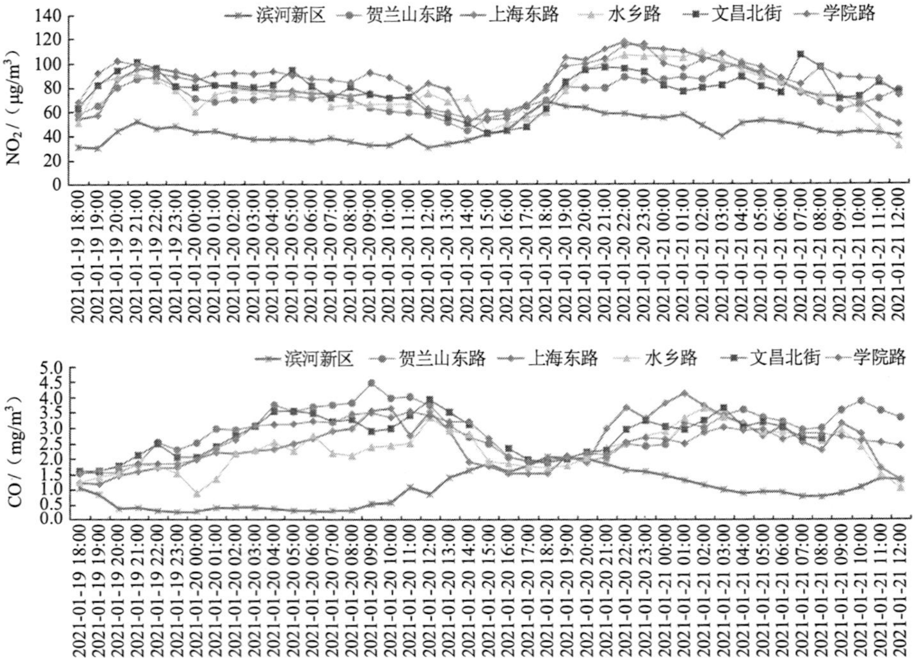

图 6-9 银川市污染时段国控点监测参数时间变化

6.3.2 O_3典型污染过程分析

7 月 6 日银川市经历了一次 O_3 污染过程（图 6-10），O_3-8h 浓度为 182 μg/m^3，其中，13:00—20:00 连续 8 h O_3 浓度超过 160 μg/m^3，O_3 峰值浓度为 187 μg/m^3。从 PA 过程分析结果来看，垂直扩散是近地面 O_3 浓度的主要贡献者，其平均贡献 94.0 μg/（m^3·h）；干沉降是近地面 O_3 的主要去除过程，其平均去除率为 –54.9 μg/（m^3·h）。除这两种主要贡献以外，气相化学过程也对近地面 O_3 有较为明显的贡献，因为 O_3 是典型的光化学产物，加上夏季太阳辐射强度较大，夏季化学过程对 O_3 有稳定的贡献，则白天为正贡献；夜间前体物光解反应停止，O_3 作为氧化剂被 NO 消耗，则化学过程贡献为负。近地面垂直对流、水平扩散过程对 O_3 的贡献很小，可以忽略。

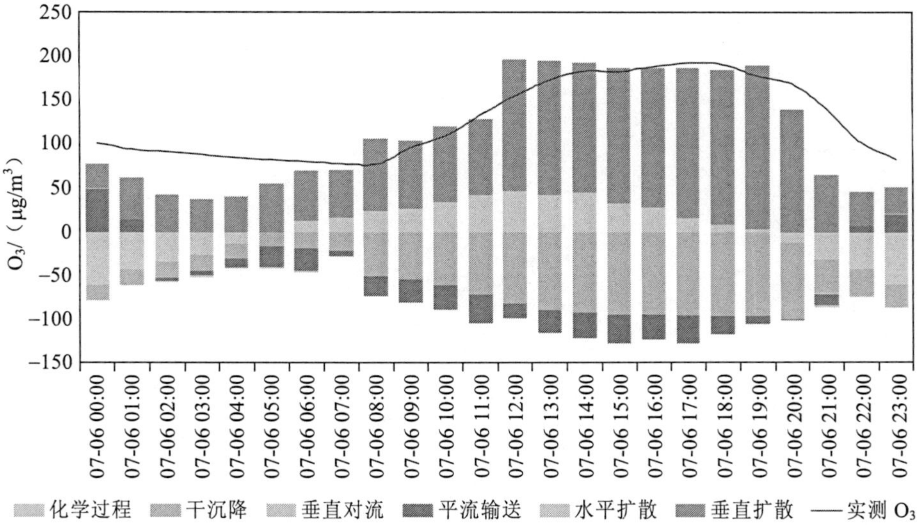

图 6-10 2021 年 7 月 6 日银川市各大气过程对近地面 O_3 浓度贡献值

从 2021 年 7 月 6 日 8:00 500 hPa 高空天气图（图 6-11）可以看到，银川市当日处于槽后脊前，垂直方向上盛行下沉气流，高空污染物持续向近地面传输，导致污染物在近地面聚集，浓度上升。同时该类天气形式控制下多晴好天气，由于上升运动很弱，抑制了云的生成，从而导致银川市上空云量减少，辐射增强，光化学反应加剧，进一步促进了 O_3 的生成，该种天气形式影响与 PA 过程中垂直扩散以及白天化学过程的正贡献吻合。

从区域传输贡献（图 6-12）来看，污染时段银川市本地源贡献占比较污染前清洁时段有所下降，但贡献量上升显著，由 26.2 μg/m³ 上升至 57.4 μg/m³，则该次污染银川市本地垂直层 O_3 生成及垂直向下传输是主要原因。外来传输中，污染期间银川市周边兰州市、阿拉善盟、白银市等地对银川市本地 O_3 贡献量较污染前清洁时段均有显著上升，其中吴忠市贡献量上升最明显，由 2.4 μg/m³ 上升至 34.4 μg/m³，贡献占比由 5.4%上升至 20.9%。总体而言，本次污染过程为银川市本地 O_3 生成后向下传输叠加周边城市水平传输所致。

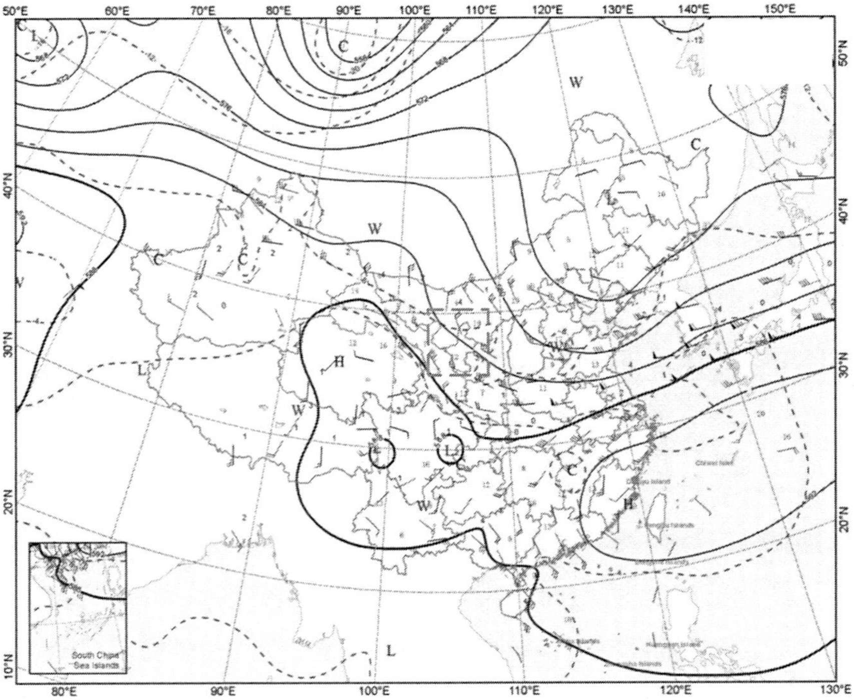

图 6-11　2021 年 7 月 6 日 8:00 高空 500 hPa 天气

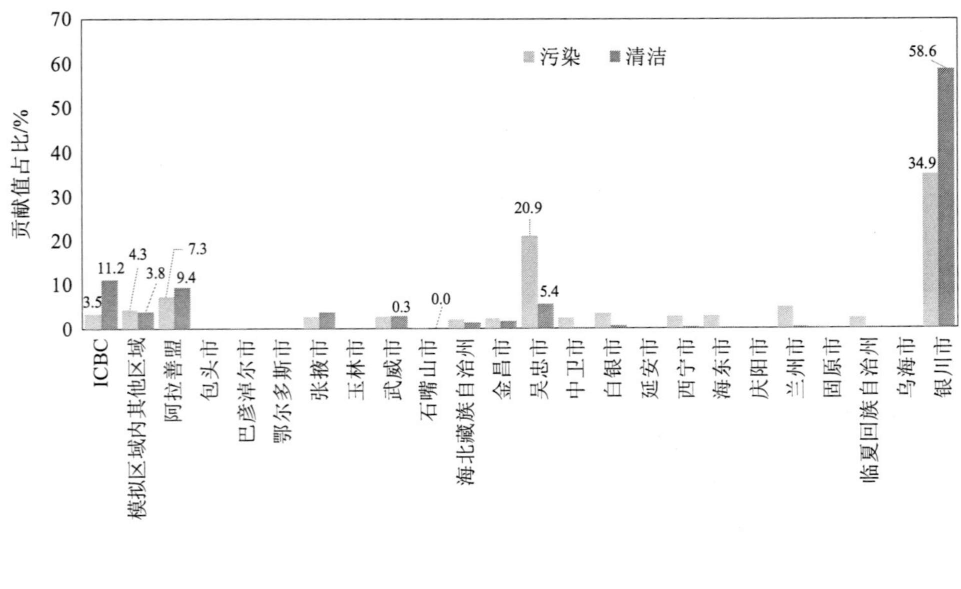

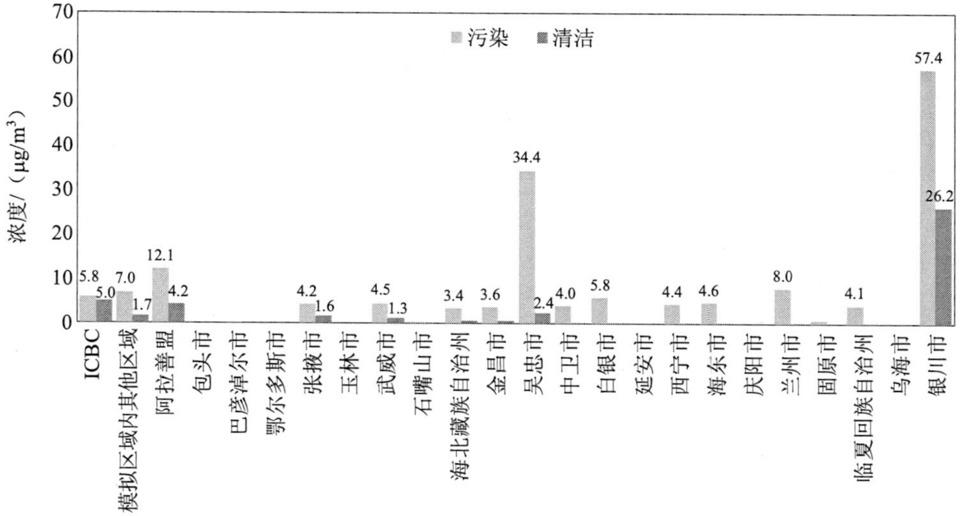

图 6-12　2021 年 7 月 5—6 日各区域对近地面 O_3 浓度贡献值及占比

由图 6-13 可知，7 月 6 日最高气温为 32.4℃（17:00），13:00—20:00 气温连续 8 h 超过 30℃；最高紫外光辐射强度为 43.3 W/m^2（11:00），11:00—13:00 紫外光辐射强度连续 3 h 超过 40 W/m^2；日平均风速为 1.13 m/s，最大风速为 1.9 m/s（14:00）。6:00—13:00 银川市气温和紫外光辐射强度快速上升，气温和紫外光辐射分别从 22.7℃、3.74 W/m^2（6 时）上升至 30.88℃、42.16 W/m^2（13:00），臭氧生成速率较快，平均风速为 1.2 m/s，风速较慢，臭氧扩散速率远小于生成速率，臭氧快速累积；13:00 开始紫外辐射强度降低，气温处于高值，臭氧浓度变化速率变小；18:00 开始紫外辐射强度处在低值，气温开始缓慢下降，风速降低，臭氧浓度开始明显下降，到 21:00，空气质量转为良。

由图 6-14 可知，7 月 6 日银川市中心站 VOCs 浓度为 35.4 ppb，挥发性有机物浓度由高到低依次为含氧挥发性有机物、卤代烃、烷烃、炔烃、烯烃、芳香烃、有机硫，浓度分别为 14.4 ppb、8.2 ppb、5.8 ppb、3.5 ppb、2.0 ppb、1.3 ppb、0.13 ppb、占比分别为 41%、23%、16%、10%、6%、4%、0，浓度排名前 5 的组分分别为丙酮、1,2-二氯乙烷、乙炔、间甲基苯甲醛、乙醛。

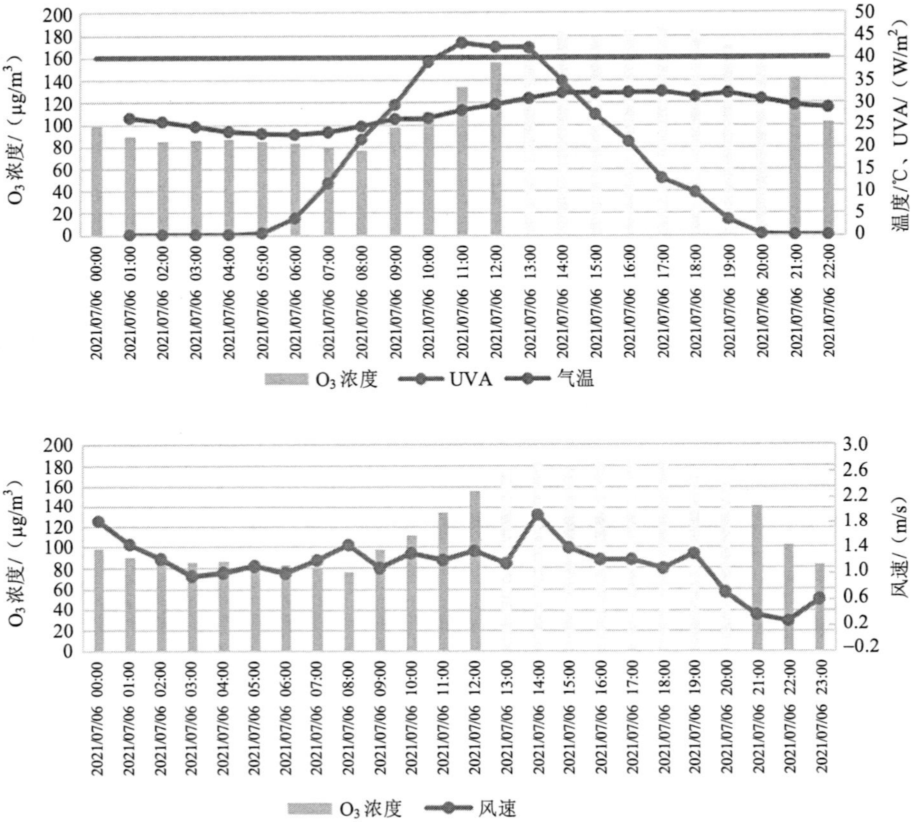

图 6-13　7 月 6 日银川市 O_3 浓度、气温、UVA、风速小时变化

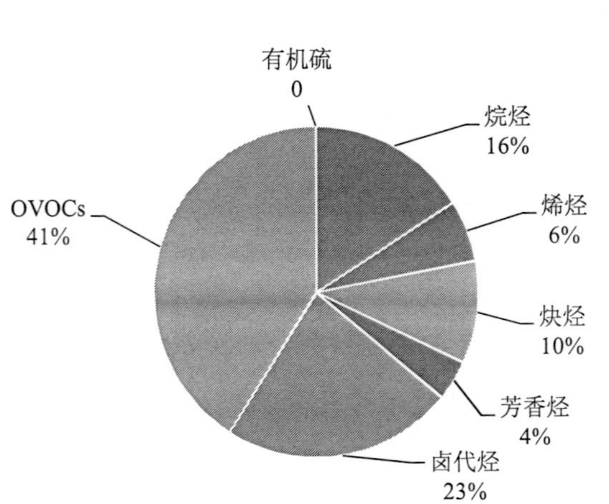

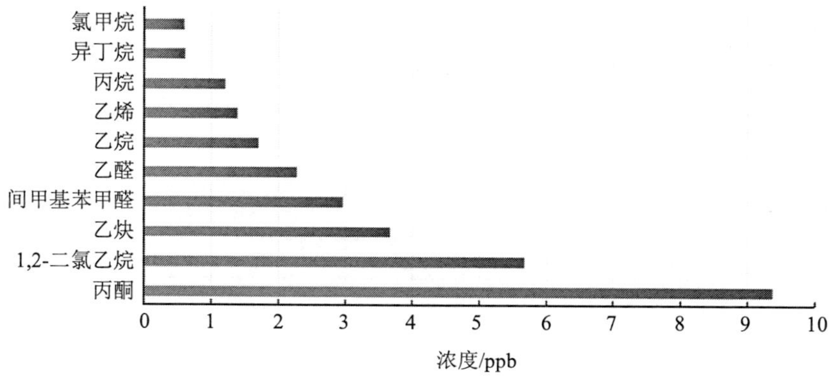

图 6-14　7 月 6 日银川市 VOCs 组分浓度占比及排名前 10 的组分

由图 6-15 可知，7 月 6 日银川市中心站 VOCs 臭氧生成潜势（OFP）为 62.4，挥发性有机物臭氧生成潜势由高到低依次为含氧挥发性有机物、烯烃、芳香烃、烷烃、炔烃、卤代烃、有机硫，臭氧生成潜势分别为 26.7、20.0、5.3、4.7、3.3、2.3、0.03，占比分别为 42.9%、32.0%、8.5%、7.5%、5.4%、3.7%、0.1%，臭氧生成潜势排名前 5 的组分分别为乙醛、乙烯、异戊二烯、乙炔、丙酮。

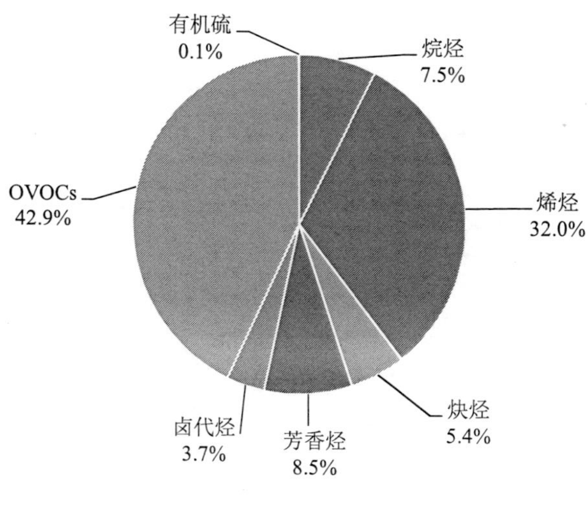

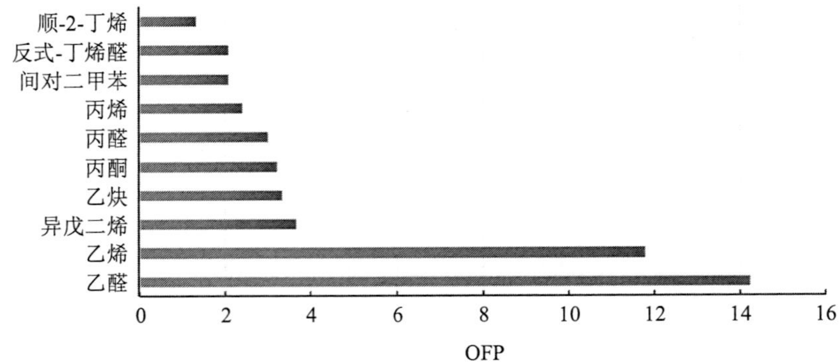

图 6-15 7 月 6 日银川市 VOCs 组分 OFP 占比及排名前 10 的组分

由 VOCs 组分小时浓度及占比变化（图 6-16）可知，8:00—10:00 随着臭氧浓度的升高，挥发性有机物中烯烃和炔烃浓度下降，可能是因为上午度过早间高峰期后，气温逐渐升高，有机物中的烯烃和炔烃排放速率小于氧化反应消耗速率，导致臭氧浓度上升而挥发性有机物浓度下降；12:00—17:00 臭氧浓度继续缓慢上升，而挥发性有机物浓度有波动，整体呈下降趋势，其中卤代烃浓度和占比均下降较明显，17:00 相对 12:00 浓度下降了 73.2%，占比下降了 70.6%，说明上午累积的挥发性有机物（卤代烃最为突出）进一步促进了午后臭氧浓度的升高，进而导致臭氧小时浓度超标。

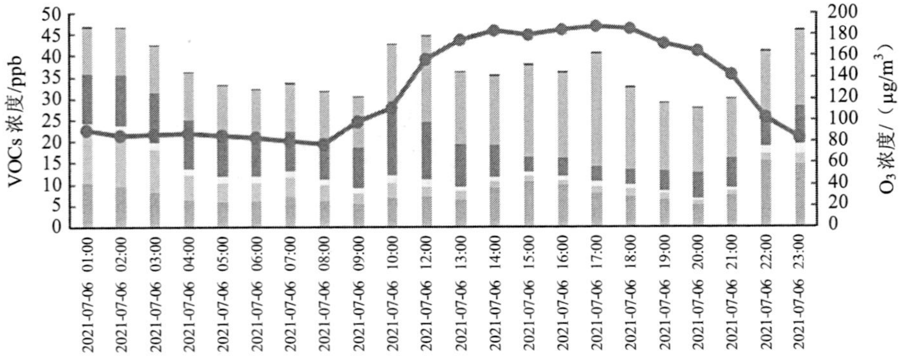

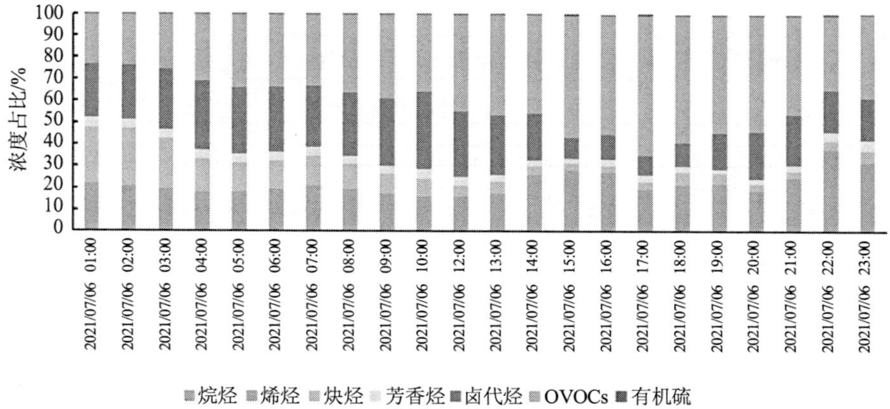

图 6-16　7 月 6 日银川市 VOCs 组分小时浓度及占比变化

由各污染源示踪组分浓度变化可知，1:00—5:00 受不完全燃烧源和生物质燃烧源排放影响较大；9:00—12:00 和 21:00—23:00 受工业溶剂好涂料挥发源排放影响较大；同时 21:00—23:00 受油汽挥发源和工业溶剂好涂料挥发源排放影响较大。

6.4　本章小结

（1）2021 年银川市冬季、春季 $PM_{2.5}$ 浓度较高，冬季 $PM_{2.5}$ 高值区为贺兰县、西夏区和金凤区，春季高值区为贺兰县；春季、夏季 O_3-8h 浓度较高，春季 O_3 峰值位于兴庆区，夏季则为灵武市；春季 O_3 及 $PM_{2.5}$ 复合污染特征显著。

（2）2021 年银川市 $PM_{2.5}$ 传输路径主要有 2 个：一是西北路径，$PM_{2.5}$ 主要来自银川市西北方向的阿拉善盟；二是东北路径，污染物主要来自银川市东北方向的鄂尔多斯市、乌海市以及石嘴山市；O_3 传输路径与 $PM_{2.5}$ 传输通道相似，其主要传输路径有 3 个：一是西北路径，污染物主要来自银川市西北方向的阿拉善盟；二是东北路径，污染物主要来自银川市东北方向的鄂尔多斯市、乌海市以及石嘴山市；三是东南路径，污染物主要来自银川市东南方向的吴忠市和庆阳市。

（3）银川市春季和夏季 $PM_{2.5}$ 主要来源为非电力工业源，秋季、冬季为非电力工业源和电力源，各季节电力源和非电力工业源是 2021 年银川市 $PM_{2.5}$ 的主要来源。银川市 4 个季节 O_3 首要来源均为交通源，然后为电力源和非电力工业源。

（4）$PM_{2.5}$污染天贡献占比较清洁天显著增长的区域为 ICBC、石嘴山市和银川市，北部来自石嘴山市的近距离传输和本地污染排放的增加是污染天 $PM_{2.5}$ 浓度超标的重要原因之一；O_3 污染天贡献占比较清洁天明显增加的为石嘴山市和吴忠市，南部来自吴忠市，北部来自石嘴山市的近距离传输及本地排放的增加是污染天 O_3 浓度超标的重要原因。从行业贡献占比来看，电力源是 2021 年银川市 $PM_{2.5}$污染天的主要来源，电力源和交通源是 2021 年银川市 O_3污染天的主要来源。

（5）冬季来自西北方向途经阿拉善盟南部和武威市东北部的气流轨迹对应的 $PM_{2.5}$浓度最高，冬季北方地区处于采暖季，燃煤电厂和农村居民燃煤及生物质燃烧排放大量 $PM_{2.5}$，受西北方向气流影响，携带 $PM_{2.5}$到达银川市。夏季来自东南方向途经吴忠市的气流轨迹对应的 O_3浓度最高，其次东侧途经鄂尔多斯市的气流轨迹对应 O_3浓度较高。夏季银川市 O_3浓度较高受近距离区域传输的影响较大。

（6）从潜在源结果来看，$PM_{2.5}$与 O_3 PSCF 高值的分布范围相似，主要在银川市周边，涉及区域主要为阿拉善盟、石嘴山市、吴忠市和鄂尔多斯市等。对比不同季节，春季潜在源分布范围相对最大，秋季、冬季分布范围较小，潜在源主要分布在银川市西北方向。

第7章

银川市大气颗粒物及其臭氧协同控制对策

近年来，银川市总体呈 $PM_{2.5}$ 显著下降、O_3 波动上升的趋势，对银川市大气污染治理提出了严峻的挑战，厘清 $PM_{2.5}$ 与 O_3 污染形成机制，对于制定 $PM_{2.5}$ 与 O_3 协同治理策略具有重要意义。本研究通过总结 2016—2021 年银川市 $PM_{2.5}$ 与 O_3 的污染特征，以 2021 年为重点年份，分析了两者的关联性及影响的关键因素，结果表明：以 $PM_{2.5}$ 和 O_3 为代表的复合型、区域性污染特征初步显现，$PM_{2.5}$ 处于临界超标水平且冬季重污染天尚未彻底消除，夏季 O_3 成为影响空气质量优良天数的重要指标且污染程度呈加重态势；随着年际的变化 $PM_{2.5}$ 与 O_3 的空间分布特征呈现高值区域逐步向南移动的特征，在 2020—2021 年银川市东南区域的灵武市和永宁县均呈现出 $PM_{2.5}$ 与 O_3 的较高浓度的复合污染特征，具有明显的区域一致性。

2021 年 $PM_{2.5}$ 主要来源分别是二次源（30.5%）、尘类源（30.5%）、燃烧源（15.7%），2021 年油品挥发源、燃烧源及工业源是银川市挥发性有机物的主要来源，从 O_3 和 $PM_{2.5}$ 的污染集中月份来看，移动源、燃烧源和工业源的占比居前 3 位，说明银川市本地源管控的重点是移动源、燃烧源、工业源、尘类源。行业来源解析结果显示，其中，春季和夏季银川市 $PM_{2.5}$ 主要来源为非电力工业源，贡献率分别为 41.1%和 46.3%，其次为电力源，贡献率分别为 22.1%和 26.8%。秋季 $PM_{2.5}$ 首要来源为非电力工业源和电力源，两者贡献率相同，均为 36.4%；冬季 $PM_{2.5}$ 首要来源为电力源，贡献率为 33.3%，其次为非电力工业源，贡献率为 32.3%。四个季节银川市 O_3 首要来源均为交通源。

从区域来源解析可以看出，银川市主要受到东南通道（宝鸡—平凉—宁东—吴忠—永宁输送带）和北部通道［贺兰山山前（内蒙古乌海—石嘴山市—平罗）输送带］的传输影响，其中在偏北风时（秋季、冬季），近地层大气辐合使污染物和水汽在银川市聚集，易形成贺兰山污染输送带，银川市易受北部乌海工业园区、石嘴山市太沙工业园区、红果子工业园区、暖泉工业园区污染输送影响形成以 $PM_{2.5}$ 为特征的污染天气，在偏东南风（夏季）时，上风向的宁东化工基地、宁蒙交界处的上海庙挥发性有机物、氮氧化物排放对银川市以臭氧为代表的二次污染物浓度逐年升高具有明显叠加效应。

7.1 基本原则

以改善环境空气质量为核心，以实现空气质量稳定达标为目标，加强 $PM_{2.5}$ 与 O_3 协同控制推进减污降碳，突出精准治污、科学治污、依法治污，坚持问题导向与目标引领，推进大气环境管理体系和治理能力现代化，公众的蓝天幸福感进一步增强。

结构优化，稳中求进。坚持以环境空气质量持续改善为核心，深化“四大结构”调整，协同控制资源能源消耗，以高质量发展带动环境空气质量稳定改善。

系统谋划，突出重点。坚持科学治污，对不同污染源、不同污染物、不同季节科学划定银川市南部（永宁县、灵武市、西夏区西南部、兴庆区东南部）、金凤区北部和贺兰县为重点区域，制定实施差异化的目标任务和针对性的治理措施，提高大气污染治理成效。

依法推进，长效治污。立足银川市情，着眼于未来社会经济发展，坚持源头严防、过程严管、后果严惩，建立督促和引导企业深化污染治理的长效机制。

多维参与，协同联动。加强减污降碳协同，推进大气污染物与温室气体协同减排；加强部门协同，全方位推进大气污染防治工作；加强区域协同，深化区域治气协作；加强社会协同，广泛动员行业协会、企业、媒体、公众共同参与。协同时段、区域、部门联动，各尽其责、共同发力。

7.2　深化产业结构调整，推进工业绿色化

优化产业结构及布局。落实主体功能区战略，强化“三线一单”约束。强化园区不合规企业清理，坚决遏制“两高”项目盲目发展，拟建项目严格落实污染物排放区域削减要求。工业项目原则上必须入驻工业园区，逐步将非园区工业企业向工业园区转移。严格落实产业园区项目准入和排放强度要求，提升工业园区和产业基地的环境管理水平。

深入推进产业绿色发展。推进园区循环化低碳化改造、规范化发展和提质增效。加快节能环保升级改造，开展绿色工业园区、绿色工厂建设，巩固国家级示范园区建设成效。全面落实《关于实施“四大改造”打好工业转型发展攻坚战的实施方案》，以建材、化工、铸造、机械加工制造等行业为重点，从技术工艺改造、原辅料替代、资源能源梯级利用等方面推进企业绿色转型，推进重点工业污染源全面达标排放。

淘汰落后和化解过剩产能。结合银川市域内产业结构现状，加强传统产业提质增效，推进企业延链补链强链。按照《产业结构调整指导目录（2019 年本）》和《西部地区鼓励类产业目录》，依法依规推进落后产能淘汰和退出。严禁承接不符合环保政策、产业政策的过剩和落后产能，严防产业转移变为污染转移。

健全对“散乱污”企业的发现、整治机制。动态实施“散乱污”企业排查，依法采取关停取缔、升级入驻工业园区等措施，完成对在册“散乱污”企业的“动态清零”，严防“散乱污”企业死灰复燃。

工业炉窑分类治理。有序推进水泥行业超低排放改造计划。巩固工业炉窑现有整治成果，加大各类炉窑无组织排放管控力度。新建涉煤工业炉窑建设项目必须入园区，配套建设尾气综合利用和高效环保治理设施，推进工业炉窑燃料清洁低碳化。

VOCs 全过程综合整治。大力推进生产和使用环节低 VOCs 含量原辅材料替代，切实从源头减少 VOCs 产生。鼓励企业积极进行源头替代，将标杆企业纳入监督执法正面清单，对生产、使用低 VOCs 含量产品的企业，优先推荐参评绿色工厂、绿色产品及申请绿色融资。将低 VOCs 含量产品与使用低 VOCs 含量原辅材料的产品

纳入政府采购名录，并在政府投资项目中优先使用。实施炼油与石化、制药、农药等重点行业 VOCs 综合治理“一厂一策”行动，提升挥发性有机物排放“三率”，协同推进恶臭污染综合治理。强化无组织排放控制，全面执行《挥发性有机物无组织排放控制标准》（GB 37822—2019）特别控制要求。开展生活源 VOCs 综合整治。

7.3 优化能源结构，推进能源利用清洁化

调整优化能源供给结构。开发利用太阳能、风能、地热能等新能源，提升非化石能源比重，建设国家新能源综合示范区，拓宽新能源的使用覆盖面。大力发展分布式新能源，推动屋顶光伏、建筑一体化光伏、分散式（社区） 风电及新能源微电网项目。

严格控制煤炭消费总量，合理控制煤炭开发强度和规模，提高煤炭高效转化和利用水平。积极发展贺兰县、永宁县和灵武市余热利用，鼓励煤—化—热一体化发展。深化锅炉综合整治。在保证电力、热力供应前提下，鼓励 30 万 kW 及以上热电联产电厂供热半径 30 km 范围内的燃煤锅炉和燃煤小热电机组（含自备电厂）基本完成关停整合。原则上不再新建 35 蒸吨/h 以下的燃煤锅炉，县级及以上城市建成区基本淘汰 35 蒸吨/h 以下的燃煤锅炉。

加强能源清洁化利用。结合城市更新改造，开展集中供热管网改造建设。推进天然气产供储销体系建设，发展天然气分布式能源利用，结合已有气源，完善银川市天然气输送管网，做到高污染燃料禁燃区、重点工业园区全覆盖。推进银川市天然气应急储气设施建设。推进散煤治理“提速扩围”。实施北方地区冬季清洁取暖项目，开展无集中供热区域清洁取暖试点示范。坚决遏制农村散煤“双替代”区域散煤复烧。在不具备集中供热和清洁能源替代条件的区域，严格执行散煤清洁化替代，常态化开展在用散煤消费情况和散煤经营单位排查，确保生产、流通、使用的民用煤质达标。

7.4 强化运输结构调整，推动移动源低排减排

货物运输绿色转型。充分发挥不同运输方式的组合优势，坚持“宜公则公”

“宜铁则铁”“宜联运则联运”的原则，鼓励大型企业和园区、煤炭开采企业、燃煤发电企业，以及大宗物流企业合理提高物流铁路运输比例。按照完善对外运输通道、优化区内布局、覆盖重点产业园区的原则，加快灵武临港产业园铁路等铁路专用线建设。谋划实施市区物流业提升行动计划，建设城市绿色物流体系，支持利用城市现有铁路货场物流货场转型升级为城市配送中心；新建、改建、扩建涉及大宗物料运输的建设项目，原则上不得采用公路运输。

车辆结构升级。全面按期实施重型车国6a排放标准；实施轻型车和重型车国6b排放标准。全面实施非道路移动柴油机械第四阶段排放标准。严厉打击新生产销售机动车环保不达标违法行为，严格新车环保装置检验，保证新车环保装置生产一致性。推进新增和更新的公交、出租、环卫、邮政、通勤、轻型物流配送等车辆基本采用电动车，机场、铁路货场等新增或更换作业车辆主要采用电动车等。

继续推动公共优先。加快推动充换电网络及相关配套设施建设。切实推动老旧车辆淘汰进程。完善老旧车辆淘汰鼓励政策，重点加大大型载客汽车、国三及以下排放标准的柴油货车、采用稀薄燃烧技术或“油改气”的老旧燃气车辆淘汰力度，按期完成国家、自治区下达的老旧车辆淘汰任务。严格执行《机动车强制报废标准规定》，完善市场机制，提高报废机动车回收拆解能力。

强化车油联合管控。持续推进“天地车人”一体化机动车排放监管系统建设，进一步在主要路口增设遥感监测点位，完善超标车辆和冒黑烟车辆的监控与跟踪处理机制，提升监测监管效率，实现在用车可溯源，推进机动车清洁化。落实生态环境部门检测取证、公安交管部门实施处罚、交通运输部门监督维修、市场监管部门监督检测的联合监管执法模式，推进汽车排放检验与维护闭环管理，有效推进超标排放汽车维护修理，强化机动车尾气达标上路行驶。

强化柴油货车污染、车载诊断系统（OBD）、燃油和车用尿素质量以及尾气排放达标情况抽测检查，确保全市在用柴油货车监督抽测排放合格率稳定达到90%及以上。进一步规范成品油市场，全面供应符合国六标准的车用汽柴油。全面加强油品质量的监督检查，对市售油品和车用尿素质量进行抽样检查，严厉打击生产、销售不合格油品等违法行为，从源头上控制燃料指标清洁化水平，提高清洁油品供应保障能力。

完善油气回收治理。推动油气回收系统升级，结合实际，开展加油站油气回收治理“回头看”，巩固油气回收治理成果，根据实际情况对年销售量 5 000 t 以上的在营加油站安装油气在线监控系统，适时推进城区油库退城搬迁。

非道路移动源污染防治。推进非道路移动机械治理。强化非道路移动机械排放控制区管控，落实编码登记、排放检测、进出场登记等，消除冒黑烟现象。加快老旧工程机械淘汰，基本淘汰国一及以下排放标准或使用 15 年以上的工程机械，鼓励具备条件的允许更换国三及以上排放标准的发动机。

7.5 细化面源污染防治，解决突出环境问题

完善扬尘监管机制。建立覆盖全市乡镇（街道）的粗颗粒物监测网络，对乡镇（街道）的粗颗粒物进行实时监测。实施城市降尘监测考核，细化降尘量控制要求，推动实施区县降尘量监测排名。

持续加强施工扬尘管控水平。各区组织全面推进绿色施工，全面落实“六个标准化”的扬尘防控措施，适时对具备条件的规模以上施工工地、砂石料厂等安装视频监控设备、颗粒物在线监测系统，并实现与执法部门在线监测平台联网。结合网格化管理，各乡镇（街道）派专人巡查，监督工地出入口运输车辆清洗和路面冲洗保洁情况并督促问题整改；道路、水务等线性工程实行分段施工。

深化道路扬尘治理。按照“城乡统筹、以克论净”原则，制定完善本市道路清扫保洁质量与作业标准，对城市道路、背街小巷、高速公路、郊区公路，逐一明确机械清扫保洁、人工辅助清扫的责任主体和清扫标准、作业频次。从严从细规范化管理渣土车，加大对运输沙石、渣土及散装水泥等车辆规范化执法检查力度和频次。

强化面源扬尘管控。按照“标本兼治、动态治理”的原则。对辖区裸地全面排查，对辖区城市公共区域、长期未开发的建设裸地，以及废旧厂区、闲置空地、院落、物流园、大型停车场等进行排查建档，并采取绿化、硬化、清扫等措施减少扬尘。深化城市绿化建设。坚持“宜林则林”“宜耕则耕”“宜草则草”“宜景则景”，持续深入已关闭采石场和矿山裸露山体修复工作。推广保护性耕作、林间覆盖等方式，抑制季节性裸地农田，重点对贺兰山东麓葡萄种植区域、套门沟矿区

非煤矿山强化扬尘综合整治力度。强化垃圾填埋场、大型煤堆、工业堆场的监督管理，对堆场扬尘治理持续保持定期检查、巡查力度，确保不合规堆场动态清零。

农业秸秆综合利用。坚持“以用促禁、疏堵结合”，建立农作物秸秆综合利用项目实施方案，因地制宜地开展机械还田、秸秆成型燃料等工作，积极探索因地制宜的秸秆综合利用新模式。积极拓宽秸秆工业化利用渠道，对秸秆工业化利用企业在政策、资金和技术上给予支持。完善经济激励政策，将秸秆综合利用纳入大气污染防治专项资金支持范围，适当提高补贴力度。强化各级政府秸秆禁烧主体责任，对秸秆焚烧行为持续高压态势。

适时推进 NH_3 排放控制。推广标准化规模养殖，鼓励种养结合一体化经营。稳步推进生猪、鸡等圈舍封闭管理，推进粪污输送、存储及处理设施封闭处理和废气治理。积极推进测土配方，优化肥料品种，推广肥料深施、水肥一体化等高效施肥技术，鼓励有机肥替代，促进农业生产和畜禽养殖废弃物利用良性循环。加强氮肥等行业氨排放治理，强化固定源烟气脱硫脱硝氨逃逸防控。

7.6 实施季节性调控，深入打好攻坚战

打好春季、夏季 O_3 污染阻击战。以银川市东南部区域为重点区域，以 5—8 月为重点时段，深入开展 NO_x 和 VOCs 协同治理。完善 VOCs 强化减排正面清单，以石化、化工、工业涂装、包装印刷、油品储运销等为重点领域，实施差异化减排。道路沥青铺设、市政设施维护、交通标志标线刷漆等涉及喷涂的施工作业，尽量避开 O_3 污染易发时段。加大涉 VOCs 企业治理情况专项检查力度，加强机动车和非道路移动机械多部门联合执法监管。

持续深入开展秋季、冬季大气污染综合治理攻坚行动。以银川市北部和南部区域为重点区域，加快推进产业、能源、运输结构调整和面源污染治理等重点任务，有序推动各项措施落实到位。加强季节性工业企业生产调控力度，完善煤电、石化、化工、水泥等高排放行业企业错峰生产方案，实施差别化管理，并将错峰生产方案细化到企业生产线、工序和设备，载入排污许可证；季节性调控期间，强化执法督查，确保各项措施落实到位。以施工扬尘、工业锅炉、工业炉窑、柴油货车等为重点，开展多部门联合、异地交叉执法、督查督办等形式的专项执法检查、巡查。

7.7 加强重污染天气应对机制

完善重污染天气应急预案。开展区域空气重污染预报预警，深化应急联动机制。适时修订完善空气重污染应急预案，分类明确重污染天气应急响应停产、限产的企业清单，把工艺水平落后、污染治理水平低、环境违法行为多发、超排放标准或超总量控制排放的大气污染源作为首选应急减排对象。

健全空气质量预报会商机制。加强区域重污染天气监测预警体系建设，提高市级空气质量精准预测预报能力，在重污染天气时增加会商预报频次，做好重污染天气过程趋势分析。探索研究基于中长期环境气象条件预报，根据扩散条件预期，动态调控企业生产负荷与排放。各区（市）、县要健全完善属地空气重污染应急预案，细化具体措施、明确责任人，确保应急措施可操作、能落地、易考核；全面排查、建立台账，并动态更新；预警期间，及时响应、全面巡查、专人盯守，确保职责落实到位。

规范重污染天气预警、启动、响应、解除工作流程。规范企业绩效分级申报、审核、调整流程，加强应急减排清单标准化管理，做到涉气企业全覆盖，确保减排措施可操作、可监测、可核查，夯实减排量。

7.8 优化协同治理机制，推进大气污染治理现代化水平

强化细颗粒物和臭氧双控。开展臭氧主要前体物来源管控，适时制定细颗粒物和臭氧污染协同防控“一市一策”，明确控制目标、路线图和时间表。统筹考虑细颗粒物和臭氧污染区域传输规律和季节性特征，加强重点区域、重点时段、重点领域、重点行业治理，强化分区分时分类差异化、精细化协同管控。聚焦夏季和秋、冬季攻坚重点时段，秋、冬季主要开展颗粒物污染防治攻坚，夏季主要开展臭氧污染防治攻坚，不断增加优良天数。

推进氮氧化物和挥发性有机物“双减”。以西夏区、贺兰县、灵武市及永宁县为重点，动态更新精细化污染源排放清单，推动臭氧污染重点问题研究。联合制定区域重点污染物控制目标，强化源头削减、过程控制、末端治理等全过程管控，

推进挥发性有机物和氮氧化物协同减排。

强化区域污染控制协作机制。强化宁夏回族自治区内石嘴山市—银川市、宁东—银川市区域联防联控机制，深化大气污染联防联控机制建设。完善重大项目环境影响评价区域会商机制。定期研究区域大气污染防治年度计划、目标、重大措施，部署区域重污染天气联合应对工作。持续改善区域环境联合执法工作制度，实现环境执法联动，形成有部署、有行动、有标准，共同配合的环境监察执法局面。

第8章

结 论

（1）2016—2021 年银川市 $PM_{2.5}$ 年评价值呈逐年下降的趋势，银川市 MDA8-O_3 整体呈上升趋势，$PM_{2.5}$ 浓度高值主要集中在 1 月、2 月、11 月、12 月，其中，2020 年在 1 月、11 月、12 月有明显的抬升现象，说明银川市 $PM_{2.5}$ 在 2020 年冬季有污染加重趋势。MDA8-O_3 浓度高值主要集中在 5 月、6 月、7 月、8 月。2021 年较 2016 年 MDA8-O_3 浓度超标月份由 6 月、7 月增加至 6 月、7 月、8 月，MDA8-O_3 浓度由 2016 年的 162 $\mu g/m^3$（6 月、7 月）上升至 2021 年的 173 $\mu g/m^3$（7 月、8 月），说明银川市 O_3 污染呈现污染时间延长、污染程度抬升的特征。

（2）$PM_{2.5}$ 和 O_3 的关联性。从时间的相关性来看，2016—2021 年 $PM_{2.5}$ 和 O_3 呈明显的负相关关系，O_3 浓度随着 $PM_{2.5}$ 的增加而减少，白天的相关性要高于夜间。2 月、4 月呈显著的正相关，其他月份呈负相关关系。从空间分布特征来看，随着年际的变化 $PM_{2.5}$ 与 O_3 的空间分布特征呈现高值区域逐步向南移动的特征，在 2020—2021 年银川市东南区域的灵武市和永宁县均呈现出 $PM_{2.5}$ 与 O_3 的较高浓度的复合污染特征，具有明显的区域一致性。

（3）2021 年臭氧浓度表现为“春夏高秋冬低”，NO_2 浓度表现为“春夏低秋冬高”，大气氧化剂浓度受臭氧主导，O_x 浓度的日变化曲线呈“单峰形”特征，夏季 O_x 的日变化幅度明显大于其他季节。不同光化学水平下的 $PM_{2.5}$ 日变化总体上均呈现出“双峰形”分布的特征，峰值与颗粒物本地生成和早高峰污染物排放有关。不同光化学水平下的一次 $PM_{2.5}$ 差异较小，说明银川市在不同光化学水平下的排放源结构基本保持稳定。随着光化学水平升高，二次 $PM_{2.5}$ 浓度降幅明显。

（4）2021 年 AOD 值呈现春季＞夏季＞秋季＞冬季的季节特征。消光系数与 $PM_{2.5}$ 浓度有较好的对应关系，均是在秋、冬季较高，春、夏季较低，散射系数最大的月份为 10 月，最小的月份出现在 8 月，吸收系数则是在 3 月以及 11—12 月显著高于其他月份。银川市冬季 SSA 分布较为集中，二次无机盐散射对消光系数的贡献较大。$PM_{2.5}$ 浓度增大会导致 AOD 同步升高，SSA 值与 $J(NO_2)$ 值呈现同步变化，但 $J(NO_2)$ 在正午及午后达到一天的峰值，SSA 值则是在 13:00—17:00 相对较高，SSA 与臭氧浓度呈同步变化，SSA 值越高，相应的臭氧浓度越大，且两者的日变化规律相一致。

（5）银川市 2021 年冬、春季 $PM_{2.5}$ 浓度较高，冬季 $PM_{2.5}$ 高值区为贺兰县、西夏区和金凤区，春季高值区为贺兰县；春季、夏季 O_3-8h 浓度较高，春季 O_3 峰值位于兴庆区，夏季则为灵武市；春季 O_3 及 $PM_{2.5}$ 复合污染特征显著。银川市春季和夏季 $PM_{2.5}$ 主要来源为非电力工业源，秋季、冬季为非电力工业源和电力源，各季节电力源和非电力工业源是 2021 年银川市 $PM_{2.5}$ 的主要来源。四个季节 O_3 首要来源均为交通源，其次为电力源和非电力工业源。

（6）$PM_{2.5}$ 污染天贡献占比较清洁天显著增长的区域为 ICBC、石嘴山市和银川市，北部来自石嘴山市的近距离传输和本地污染排放的增加是污染天 $PM_{2.5}$ 浓度超标的重要原因之一；O_3 污染天贡献占比较清洁天明显增加的为石嘴山市和吴忠市，南部来自吴忠市，北部来自石嘴山市的近距离传输及本地排放的增加是污染天 O_3 浓度超标的重要原因。从行业贡献占比来看，电力源是 2021 年银川市 $PM_{2.5}$ 污染天的主要来源，电力源和交通源是 2021 年银川 O_3 污染天的主要来源。

参考文献

[1] 安俊琳. 北京大气臭氧浓度变化特征及其形成机制研究[D]. 南京：南京信息工程大学，2007.

[2] 刘泽常，李娜，侯鲁健，等. 济南市环境空气 VOCs 污染特征及来源识别[J]. 中国环境监测，2014，30（6）：83-88.

[3] 李红，彭良，毕方，等. 我国 $PM_{2.5}$ 与臭氧污染协同控制策略研究[J]. 环境科学研究，2019，32（10）：1763-1778.

[4] 何丽，罗萌萌，潘巍，等. 成都秋季大气污染过程 VOCs 特征及 SOA 生成潜势[J]. 中国环境科学，2018，38（8）.

[5] 邹宇，邓雪娇，李菲，等. 广州番禺大气成分站复合污染过程 VOCs 对 O_3 与 SOA 的生成潜势[J]. 环境科学，2017，38（6）：2246-2255.

[6] 陈耿，李瑞瑜，陈春贻，等. 典型大气细颗粒物与臭氧复合污染过程中挥发性有机物的贡献及来源[J]. 环境污染与防治，2020（9）：1222-1227.

[7] 谢绍东，田晓雪. 挥发性和半挥发性有机物向二次有机气溶胶转化的机制[J]. 化学进展，2010，22（4）：727-733.

[8] 邓雪桥，周秀骥，铁学熙，等. 广州大气气溶胶对到达地表紫外辐射的衰减[J]. 科学通报，2012，57（18）：1684-1691.

[9] 李红丽，王杨君，黄凌，等. 中国典型城市臭氧与二次气溶胶的协同增长作用分析[J]. 环境科学学报，2020，40（12）：4368-4379.

[10] 颜丰华，陈伟华，常鸣，等. 珠江三角洲大气光化学氧化剂（O_x）与 $PM_{2.5}$ 复合超标污染特征及气象影响因素[J]. 环境科学，2021，42（4）：1600-1614.

[11] 环境保护部科技标准司. 环境空气质量标准[S]. 北京：中国环境科学出版社，2012.

[12] 环境保护部科技标准司. 环境空气质量指数（AQI）技术规定（试行）[S]. 北京：中国环境科学出版社，2012.

[13] 环境保护部科技标准司. 环境空气质量评价技术规范（试行）[S]. 北京：中国环境科学出版社，2013.

[14] 杜朋，李德平，刘建国，等. APEC 前后北京郊区大气颗粒物变化特征及其潜在源区分析[J]. 环境科学学报，2018，38（10）：3846-3855.

[15] 刘慧，夏敦胜，陈红，等. 2017 年兰州市大气污染物输送来源及传输特征模拟分析[J]. 环境科学研究，2019，32（6）：993-1000.

[16] 李颜君，安兴琴，范广洲. 北京地区大气颗粒物输送路径及潜在源分析[J]. 中国环境科学，2019，39（3）：915-927.

[17] 潘晨，康志明. 2001—2019 年气象条件对江苏省 $PM_{2.5}$ 分布的影响[J]. 环境科学，2021，43（2）：1-19.

[18] 杨雨灵，谭吉华，孙家仁，等. 华北地区一次强灰霾污染的天气学效应[J]. 气候与环境研究，2015，20（5）：555-570.

[19] 张子睿，胡敏，尚冬杰，等. 2013—2020 年北京大气 $PM_{2.5}$ 和 O_3 污染演变态势与典型过程特征[J]. 科学通报，2022，67（18）：1995-2007.

[20] 张运江，雷若媛，崔世杰，等. 2015—2020 年我国主要城市 $PM_{2.5}$ 和 O_3 污染时空变化趋势和影响因素[J]. 科学通报，2022，67（18）：2029-2042.

[21] 姜伟，董海燕，陈魁，等. 天津市 $PM_{2.5}$ 中水溶性离子组分特征[J]. 中国环境监测，2013，29（3）：39-43.

[22] 杨复沫，贺克斌，马永亮，等. 北京大气细粒子 $PM_{2.5}$ 的化学组成[J]. 清华大学学报（自然科学版），2002（12）：1605-1608.

[23] 王鸣，陈文泰，陆思华，等. 我国典型城市环境大气挥发性有机物特征比值[J]. 环境科学，2018，39（10）：4393-4399.

[24] 于兴娜，李新妹，登增然登，等. 北京雾霾天气期间气溶胶光学特性[J]. 环境科学，2012（4）：1057-1062.

[25] Wang T，Xue L K，Brimblecombe P，et al. Ozone pollution in China：a review of concentrations，meteorological influences，chemical precursors，and effects[J]. Science of the total environment，2017，575：1582-1596.

[26] Wu J S，Wang Y，Liang J T，et al. Exploring common factors influencing $PM_{2.5}$ and O_3 concentrations in the pearl river delta：tradeoffs and synergies[J]. Environmental pollution，2021，285：117138.

[27] Grosjean D. Organic acids in Southern California air：ambient concentrations，mobile source emissions，in situ formation and removal processes[J]. Environmental science & technology，

1989，23（12）：1506-1514.

[28] Guo S，Hu M，Zamora M L，et al. Elucidating severe urban haze formation in China[J]. PNAS，2014，111（49）：17373-17378.

[29] Li M M，Wang T J，Xie M，et al. Formation and evolution mechanisms for two extreme haze episodes in the Yangtze River Delta Region of China during winter 2016[J]. Journal of geophysical research：atmospheres，2019，124（6）：3607-3623.

[30] Turpin B J，Saxena P，Andrews E. Measuring and simulating particulate organics in the atmosphere：problems and prospects[J]. Atmospheric environment，2000，34（18）：2983-3013.

[31] Danielsen E F. Stratospheric-tropospheric exchange based on radioactivity，ozone and potential vorticity[J]. Journal of the atmospheric sciences，1968，25（3）：502-518.

[32] Cr Utzen P A. Discussion of the chemistry of some minor constituents in the stratosphere and troposphere[J]. Pure & applied geophysics，1973，106，107，108（1）：1385-1399.

[33] Wang Tao，Xue Likun，Brimblecombe P，et al. Ozone pollution in China：a review of concentrations，meteorological influences，chemical precursors，and effects[J]. Science of the total environment，2017，575：1582-1596.

[34] Zheng B，Tong D，Li M，et al. Trends in China's anthropogenic emissions since 2010 as the consequence of clean air actions[J]. Atmospheric chemistry and physics，2018，18（19）：14095-14111.

[35] Moz，Shaom，Lus，et al. Characterization of non-methane hydrocarbons and the irsources in and industrialized coastal city，Yangtze River Delta，China[J]. Science of the total enviroment，2017，593：641-653.

[36] Xing Jia，Wang Jiandong，Mathur R，et al. Impacts of aerosol direct effects on tropospheric ozone through changes in atmospheric dynamics and photolysis[J]. Atmospheric chemistry and physics，2017，17（16）：9869-9883.

[37] Xin J，Wang Y S，Tang G，et al. Variability and reduction of atmospheric pollutants in Beijing and its surrounding area during the Beijing 2008 Olympic Games[J]. Chinese science bulletin，2010，55（18）：1937-1944.

[38] Xing J，Mathur R，Pleim J，et al. Air pollution and climateresponse to aerosol direct radiative effects：a modeling study ofdecadal trends across the northern hemisphere[J]. Journal of geophysical research：atmospheres，2015，120（23）：12221-12326.

[39] Paatero P，Tapper U. Analysis of different modes of factor analysis as least squares fit problems[J]. Chemometrics and intelligent laboratory systems，1993，18（2）：183-194.

[40] Huang S L，Rahn K A，Arimoto R. Testing and optimizing two factor-analysis techniques on aerosol at Narragansett，Rhode Island[J]. Atmospheric environment，1999，33（14）：2169-2185.

[41] Chen F，Dudhia J. Coupling an advanced land surface-hydrology model with the penn state-NCAR MM5 modeling system. Part Ⅰ：Model implementation and sensitivity[J]. Monthly weather review，2001.

[42] Hong S Y，Noh Y，Dudhia J. A new vertical diffusion package with an explicit treatment of entrainment processes[J]. Monthly weather review，2005，134（9）：2318.

[43] Li M，Zhang Q，Kurokawa J I，et al. MIX：a mosaic Asian anthropogenic emission inventory under the international collaboration framework of the MICS-Asia and HTAP[J]. Atmospheric chemistry and physics，2017，17（2）：935-963.

[44] Wang D，Hu J，Xu Y，et al. Source contributions to primary and secondary inorganic particulate matter during a severe wintertime $PM_{2.5}$ pollution episode in Xi'an，China[J]. Atmospheric environment，2014，97：182-194.

[45] Colbeck I，Harrison RM.Ozone-secondary aerosol visibility relationships in North-West England[J]. Science of the total environment，1984，34（1-2）：87-100.

[46] Ohta S，Okita T. A chemical characterization of atmospheric aerosol in Sapporo[J]. Atmospheric environment，1990，24（4）：815-822.

[47] Kok J F，Adebiyi A A，Albani S，et al. Contribution of the world's main dust source regions to the global cycle of desert dust[J]. Atmos chem phys，2021，21：8169-8193.

[48] Tian R，Ma X，Zhao J. A revised mineral dust emission scheme in GEOS-Chem：improvements in dust simulations over China[J]. Atmos chem phys，2021，21：4319-4337.

[49] Jia M，Zhao T，Cheng X，et al. Inverse relations of $PM_{2.5}$ and O_3 in air compound pollution between cold and hot seasons over an urban area of east China[J]. Atmosphere，2017，8：59.

[50] Wu D，Mao J T，Deng X J，et al. Black carbon aerosols and their radiative properties in the Pearl River Delta region[J]. Sci China Ser D-Earth Sci，2009，52（8）：1152-1163.

[51] Schnaiter M，Schmid O，Petzold A，et al. Measurement of wavelength-resolved light absorption by aerosols utilizing a UV-VIS extinction cell[J]. Aerosol science and technology，2005，39：249-260.

[52] Schnaiter M，Horvath H，Möhler O，et al. UV-VIS-NIR spectral optical properties of soot and soot-containing aerosols[J]. Journal of aerosol science，2003，34：1421-1444.

[53] Clarke A，McNaughton C，Kapustin V，et al. Biomass burning and pollution aerosol over North

America： organic components and their influence on spectral optical properties and humidification response[J]. Journal of geophysical research，2007，112：D12S18.

[54] Huang R J，Zhang Y L，Bozzetti C，et al. High secondary aerosol contribution to particulate pollution during haze events in China[J]. Nature，2014，514：218-222.

[55] Zhang Q，Jimenez J L，Canagaratna M R，et al. Ubiquity and dominance of oxygenated species in organic aerosols in anthropogenically-influenced northern hemisphere midlatitudes[J]. Geophysical research letters，2007a：34.

[56] Kleindienst T E，Jaoui M，Lewandowski M，et al. The formation of SOA and chemical tracer compounds from the photooxidation of naphthalene and its methyl analogs in the presence and absence of nitrogen oxides[J]. Atmospheric chemistry and physics，2012，12：8711-8726.

[57] Kleindienst T E，Jaoui M，Lewandowski M，et al. Estimates of the contributions of biogenic and anthropogenic hydrocarbons to secondary organic aerosol at a southeastern US location[J]. Atmospheric environment，2007，41：8288-8300.

[58] Kleindienst T E，Lewandowski M，Offenberg J H，et al. Contribution of primary and secondary sources to organic aerosol and $PM_{2.5}$ at SEARCH network sites[J]. Journal of the air & waste management association，2010，60：1388-1399.

[59] Zhang Q，Wu L，Fang X，et al. Emission factors of volatile organic compounds（VOCs）based on the detailed vehicle classification in a tunnel study[J]. Sci total environ，2018，624：878-886.

[60] Liu Y，Shao M，Fu L，et al. Source profiles of volatile organic compounds（VOCs）measured in China：Part Ⅰ[J]. Atmospheric environment，2008，42（25）：6247-6260.

[61] Wang H，Qiao Y，Chen C，et al. Source profiles and chemical reactivity of volatile organic compounds from solvent use in Shanghai，China[J]. Aerosol and air quality research，2014，14（1）：301-310.

[62] Mo Z，Shao M，Lu S，et al. Process-specific emission characteristics of volatile organic compounds（VOCs） from petrochemical facilities in the Yangtze River Delta，China[J]. Sci total environ，2015，533：422-431.

[63] Pandolfi M，Cusack M，Alastuey A，et al. Variability of aero-sol optical properties in the Western Mediterranean Basin[J]. Atmospheric chemistry and physics，2011，11（15）：8189-8203.

[64] Ramanathan V，Carmichael G. Global and regional climate changes due to black carbon[J]. Nature geoscience，2008，1（4）：221-227.

[65] Madronich S. Photodissociation in the atmosphere. Actinic flux and the effects of ground reflections and clouds[J]. Geophys res，1987，92（D8）：9740-9752.

[66] Crutzen P J，Lelieveld J. Human impacts on atmospheric chemistry[J]. Annual review of earth and planetary sciences，2001，29：17-45.

[67] Wiegand A N，Bofinger N D. Review of empirical methods for the calculation of the diurnal NO_2 photolysis rate coefficient[J]. Atmos environ，2000，34（1）：99-108.